家居空间设计

第二版

高等院校艺术学门类
"十四五"规划教材

主 编	谢 科	冉国强	罗 佳	
副主编	郭 钊	罗 进	罗 文	佳 婕
	邱 萌	李 璇	宋 妮	
参 编	陈 卓	于兴财	张瑞峰	
	武晓刚	赵媛媛	熊 鑫	

U0166048

ART DESIGN

华中科技大学出版社
http://www.hustp.com
中国·武汉

内 容 简 介

本书包括七章内容：家居空间设计概述，家居空间设计基础，家居空间设计原则，家居空间设计内容，不同功能类型的内部空间设计，家居空间设计流程，家居空间设计实践。

本书在编写过程中遵循循序渐进的原则，既详尽地阐述了基础知识，又系统地介绍了家居空间设计的方法和技巧。同时本书注重理论联系实际，文字通俗易懂，并附有大量实物图片，既可作为高职高专、成人高等院校等相关专业学生学习用书，又可作为社会相关领域的专业设计人员和业余爱好者的参考读物。

图书在版编目(CIP)数据

家居空间设计/谢科，冉国强，罗佳主编. —武汉：华中科技大学出版社，2021.1(2025.1重印)
ISBN 978-7-5680-6836-9

Ⅰ.①家… Ⅱ.①谢… ②冉… ③罗… Ⅲ.①住宅-室内装饰设计-教材 Ⅳ.①TU241

中国版本图书馆 CIP 数据核字(2021)第 005655 号

家居空间设计(第二版)   谢科　冉国强　罗佳　主编
Jiaju Kongjian Sheji (Di-er Ban)

策划编辑：彭中军
责任编辑：段亚萍
封面设计：优　优
责任监印：朱　玢
出版发行：华中科技大学出版社(中国·武汉)　　电话：(027)81321913
　　　　　武汉市东湖新技术开发区华工科技园　　邮编：430223
录　　排：武汉创易图文工作室
印　　刷：武汉市洪林印务有限公司
开　　本：880 mm×1230 mm　1/16
印　　张：8
字　　数：259 千字
版　　次：2025 年 1 月第 2 版第 3 次印刷
定　　价：49.00 元

目录
Contents

Jiaju Kongjian Sheji

第一章
家居空间设计概述

人们长时间生活在室内,因此现代家居空间设计或室内环境设计,相对地是环境设计系列中和人们关系较为密切的环节。室内设计具有其艺术风格,从宏观来看,往往能从一个侧面反映相应时期社会物质和精神生活的特征。室内设计具有时代的印记,这是因为室内设计从设计构思、施工工艺、装饰材料到内部设施,必须和当时的物质生产水平、社会文化和精神生活状况联系在一起。在家居空间设计组织、平面布局和装饰处理等方面,也和哲学思想、美学观点、社会经济、民俗民风等密切相关。从微观的、个别的作品来看,家居空间设计水平的高低、质量的优劣都与设计者的专业素质和文化艺术素养等联系在一起。各种单项设计最终实施后,其成果的品位和该项工程具体的施工技术、用材质量、设施配置相关,但最终成果的质量取决于"设计—施工—用材—与业主关系"整体协调的情况,并与建设者的协调关系密切相关,即设计是具有决定意义的最关键环节。

一、学习目的

（1）培养学生的空间想象能力。

（2）掌握建筑结构与构造,施工技术与装饰材料,建筑、室内装修技术方面的必要知识,以及声、光、热等建筑物理,风、水、电等建筑设备的知识。

（3）掌握人体工程学、居住行为学、环境心理学等学科知识在居住空间设计中的应用。

（4）通过分析案例,了解室内设计师必须要有的知识结构和综合素质。同时掌握居住空间设计的构思过程、设计程序与方法。

（5）通过学习提高艺术素养和设计表达能力,对历史传统、人文民俗、乡土风情等有一定的了解。

（6）熟悉有关建筑和室内设计的规章和法规。

二、学习要求

（1）了解居住空间的产生与发展变化。

（2）了解居住空间的不同类型。

（3）熟悉人体工程学、居住行为学与室内设计的关系。

（4）了解居住空间的要素,熟悉各功能房间的设计要点。

（5）了解和掌握居住空间设计的过程与方法。

（6）通过分析案例,了解室内设计师必须具有的知识结构和综合素质。

（7）掌握居住空间设计的学习特点与学习方法。

三、学习方法

1. 向历史学习

历史留下了大量经典的作品,这些经典的作品都是某一历史时期的建筑材料和技术、社会文化意识的集中反映。同时这些经典作品是历经了漫长的时间所沉淀下来的传世之作,在造型、比例、尺度等方面形成了一套设计语言和语法规则,有其经典性。通过对经典作品的学习和研究可以了解不同历史时期的建筑风格和表现手法。北京的四合院如图 1-1 所示,土楼民居如图 1-2 所示。

图 1-1　北京的四合院一

图 1-2　土楼民居

2. 向大师学习

欣赏大师的作品,体会大师的观点和言论无疑对年轻的设计师有很大帮助。

第一,大师的作品是风格成熟的作品,成熟的作品自然在构造方式、造型处理、材料运用、审美意识上有其突出表现;第二,大师的作品具有极强的时代风格,研究这些作品,可以以一当十地抓住这类作品的要点;第三,大师的言论具有精辟性,是对他们作品的极好诠释,可以帮助读者提高对其作品的理性认识。

应当学习的大师主要有格罗皮乌斯、密斯、柯布西耶、赖特、阿尔瓦·阿尔托、路易·康、贝聿铭等。大师作品如图 1-3 至图 1-6 所示。

图 1-3　格罗皮乌斯设计的包豪斯校舍

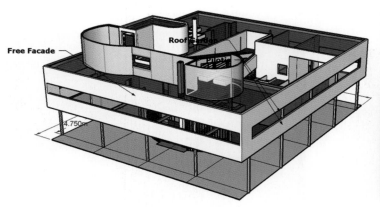

图 1-4　柯布西耶设计的萨伏伊别墅

图 1-5　赖特设计的流水别墅

图 1-6　阿尔多·罗西设计的伯克诺山的小住宅

3. 在实践中学习

家居空间设计是一门实践性很强的学科,任何设计方案都必须拿到实际环境中接受施工技术和条件的检验。因此,初学者和年轻的设计师需要进行大量的实践,并在实践中不断积累经验,磨炼自己。在实践过程中要注意以下内容。

（1）室内空间尺度的临场感受。

（2）动态视觉与静止画面的差异。

（3）真实场景中的材料感受。

家装施工现场如图 1-7 所示。真实场景中的材料如图 1-8 所示。

4. 在生活中学习

家居空间设计是一门生活的艺术。生活为设计师提供了取之不尽、用之不竭的源泉,学习生活、研究生活是室内设计的必修课程。设计师应是一个热爱生活的人,需要以极大的热情投入到现实生活中去。人是生活的主体,设计更需要以人为本。因此,研究人、人的行为、人的喜怒哀乐,不同人的生活态度、价值观和生活方式,构成了对生活研究的重要部分。对生活了解得越多,对人及其行为观察得越细致,对人及生存的社会环境认识得越深刻,就越能够在设计中进行全面的分析和阐释。室内设计如图 1-9 和图 1-10 所示。

图 1-7　家装施工现场

图 1-8　真实场景中的材料

图 1-9　室内设计一

图 1-10　室内设计二

Jiaju Kongjian Sheji

第二章
家居空间设计基础

第一节
家居空间设计的基本概念

一、家居空间设计概念

　　家居空间设计是指卧室、起居室、厨房等使用空间的设计,是一种以满足需要为目的的创造行为。设计应充分地把握实质,只有彻底认识家居空间的特性方能进行正确、有效的设计;从家居空间的因素和条件综合分析,进行实际的空间计划和形式创造很重要。对居住者而言,家居空间不仅要具备一些功能,而且要集装饰与实用于一体。家居空间是对个性的诠释,通过对色彩、造型、纹样、质感、配饰的搭配,达到理想的效果。

　　空间是容纳生活的。每个人在居住空间中度过的时间有所不同。"家和万事兴",这个"家"从空间上理解,指的就是"家居空间"。

　　家居空间设计是"环境艺术设计"专业的重要课程,解决的是在一定空间范围内人们居住时的心理、行为、功能、空间界面、采光、照明、通风及人体工程学等问题。每一个问题都和人的日常起居关系密切。

　　对家居空间设计含义的理解以及它与建筑设计的关系,从不同的视角、不同的侧重点来分析,许多学者都有不少深刻的见解,在运用时值得仔细思考和借鉴。例如:认为室内设计是建筑设计的继续和深化,是室内空间和环境的再创造;认为室内设计是建筑的灵魂,是人与环境的联系,是人类艺术与物质文明的结合等。这些观点都是很有创见的。家居空间设计如图 2-1 所示。

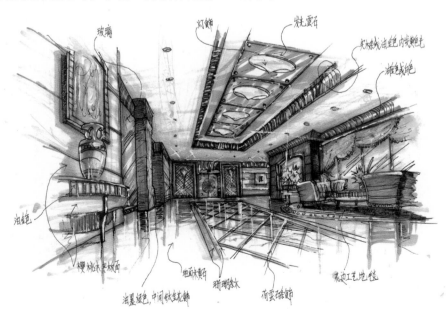

图 2-1　家居空间设计一

二、家居空间设计基本观点

现代家居空间设计,从创造出满足现代功能、符合时代精神的要求出发,需要确立下述一些基本观点。

1. 人际活动为核心

为人服务是室内设计社会功能的基石。室内设计的目的是通过创造室内空间环境为人服务。设计者始终需要把握人对室内环境的需求,包括物质和精神两方面。由于设计的过程中矛盾错综复杂,问题千头万绪,设计者需要清醒地认识以人为本,为人服务,为确保人们的安全和身心健康,把满足人际活动的需要作为设计的核心。为人服务这一要求,在设计时往往会有意无意地因对局部因素的考虑而被忽视。

现代室内设计需要满足人们的生理、心理等要求,需要综合地处理人与环境、人际交往等多项关系,需要在为人服务的前提下,综合解决使用功能、经济效益、舒适美观、环境氛围等种种问题。设计及实施的过程中还会涉及材料、设备、定额法规及与施工管理的协调等诸多问题。现代室内设计是一项综合性极强的系统工程,但是现代室内设计的出发点和归宿只能是为人服务。从为人服务这一"功能的基石"出发,需要设计者细致入微、设身处地地为人们创造美好的室内环境。因此,现代室内设计特别重视人体工程学、环境心理学、审美心理学等方面的研究,以科学地、深入地了解人们的生理特点、行为心理和视觉感受等方面对室内环境的设计要求。针对不同的人、不同的使用对象,相应地应考虑不同的要求。

在室内空间的组织、色彩和照明的选用方面,以及对相应使用性质室内环境氛围的烘托等方面,更需要研究人们的行为心理、视觉感受方面的要求。例如教堂高耸的室内空间具有神秘感(见图 2-2),会议室规整的室内空间具有庄严感(见图 2-3),而娱乐场所绚丽的色彩和缤纷闪烁的照明给人以兴奋、愉悦的心理感受(见图 2-4)。应该充分运用可行的物质技术手段和相应的经济条件,创造出满足人和人际活动所需的室内环境。

图 2-2　教堂

图 2-3　会议室

2. 加强环境整体观

现代室内设计的立意、构思,室内风格和环境氛围的创造,需要着眼于对环境整体、文化特征及建筑物的功能特点等多方面的考虑。现代室内设计,从整体观念上来理解,应该看成是环境设计系列的"链中一环"。

室内设计的"里"和室外环境的"外"(包括自然环境、文化特征、所在位置等),是相辅相成、辩证统一的

图 2-4　娱乐空间

关系,正是为了做好室内设计,需要对环境整体有足够的分析和了解,在设计时着手于室内,但着眼于室外。相互雷同是当前室内设计的弊病之一,很少有创新和个性,对环境整体缺乏必要的了解和研究,从而使设计的依据流于一般,设计构思局限、封闭。忽视对环境与室内设计关系的分析是设计欠佳的重要原因。

　　家居空间设计如图 2-5 至图 2-7 所示。

图 2-5　家居空间设计二

图 2-6　家居空间设计三

三、室内装饰设计应满足的要求

1. 室内装饰设计要满足使用功能要求

　　室内设计以创造良好的室内空间环境为宗旨,要把满足人们在室内进行生产、生活、工作、休息的要求置于首位。在室内设计时要充分考虑使用功能要求,使室内环境合理化、舒适化、科学化;要考虑人们的活

图 2-7　家居空间设计四

动规律,处理好空间关系、空间尺寸和空间比例;合理配置陈设与家具,妥善解决室内通风、采光与照明问题;注意室内色调的总体效果。

2. 室内装饰设计要满足精神功能要求

室内设计在考虑使用功能要求的同时,还必须考虑精神功能的要求(视觉反应、心理感受、艺术感染等)。室内设计的精神就是要影响人们的情感,乃至影响人们的意志和行动,所以要研究人们的认知特征和规律,研究人的情感与意志,研究人和环境的相互作用。设计者要运用各种理论和手段去影响人的情感,达到预期的设计效果。室内环境如能突出地表现某种构思和意境,那么,它将会产生强烈的艺术感染力,更好地发挥其在精神功能方面的作用。

3. 室内装饰设计要满足现代技术要求

建筑空间的创新和结构造型的创新有着密切的联系,两者应协调统一,充分考虑结构造型中美的形象,把艺术和技术融合在一起。这就要求室内设计者必须具备必要的结构知识,掌握结构体系的性能和特点。现代室内装饰设计属于现代科学技术的范畴,要使室内设计更好地满足精神功能的要求,就必须最大限度地利用现代科学技术的最新成果。

4. 室内装饰设计要符合地区特点与民族风格

由于人们所处的地区、地理气候条件的差异,以及各民族生活习惯与文化传统的不同,建筑风格存在很大的差别。我国是多民族国家,各个民族的地区特点、民族性格、风俗习惯及文化素养等因素存在差异,室内装饰设计也有所不同。设计中要有各自不同的风格和特点,要体现民族和地区特点,以唤起人们的民族自尊心和自信心。

思　考　题

1. 家居空间设计原则有哪些?

2. 家居空间设计观点有哪些?

第二节
家居空间的发展

　　纵观中国历史上家居空间格局的演变,一方面取决于生产力的发展,另一方面也取决于当地的自然条件和居民的生活习惯。通过不同时期的演变,家居空间的功能性逐渐走向合理。

　　距今 6000～7000 年前,中国进入氏族社会时期,随着人类的劳动工具和技能的完善和提高,人类慢慢由穴居发展到半穴居,最终移居地面。从已发掘出来的房屋遗址中可以发现当时的人类已经在建于地面的房屋中央设火塘(见图 2-8)。火塘一般设于屋内正中或偏离门远些的位置,火塘中火焰终年不熄,以备随时取用,人们可环绕而坐,便于活动。一天劳作之后或者天气恶劣而不便劳作时,火塘便成了家庭活动的中心。那些祖祖辈辈流传下来的故事伴随着火塘中的袅袅轻烟,维系着一个民族的繁衍与发展。灶坑内留有炭块和兽骨,屋顶设有排烟口,这种布置方式兼有烹饪、取暖、去湿、防兽等多种功能,但因为与整栋房屋没有隔离,烟气弥漫在屋内,卫生条件极差。由于传统习惯和地区特点,火塘在有些少数民族住宅中至今仍有保留,如内蒙古的蒙古包(见图 2-9)、西南地区的竹楼(见图 2-10)等。

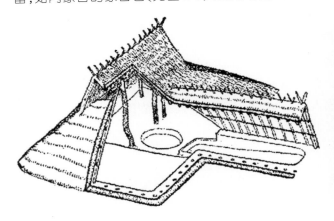

图 2-8　以火塘为中心的住宅

图 2-9　蒙古包

图 2-10　西南地区的竹楼

半坡遗址的方形、圆形居住空间，已考虑按使用需要将室内空间进行分隔，使入口和火塘的位置布置合理，方形居住空间靠近门的火塘设有进风的浅槽，圆形居住空间入口两侧也设有引导气流的短墙。

早在原始氏族社会的居室里，已经有人工做成的平整光洁的石灰质地面，新石器时代的居室遗址里，还留有修饰精细、坚硬美观的红色烧土地面，即使是原始人穴居的洞窟里，壁面上也已绘有兽形和围猎的图形。也就是说，在人类建筑活动的初始阶段，人们就已经开始关注使用和氛围、物质和精神两方面的功能。

我国各类民居，如北京的四合院（见图2-11）、四川的山地住宅、云南的一颗印（见图2-12）、傣族的干栏式住宅及上海的里弄建筑等，在体现地域文化的建筑形体和室内空间组织、在建筑装饰的设计与制作等许多方面，都有极为宝贵的、可供借鉴的成果。

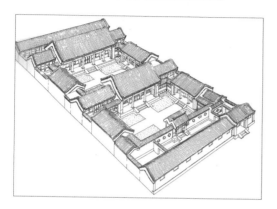

图 2-11　北京的四合院二

图 2-12　云南的一颗印

第三节
家居空间设计未来发展

设计是连接精神文明与物质文明的桥梁，人类寄希望于通过设计来改造世界，改善环境，提高人类的生活质量。卧室设计如图2-13所示。

一、现代室内设计的新趋势

1. 回归自然

随着环境保护意识的加强，人们向往自然，喝天然饮料，用自然材料，渴望生活在天然绿色环境中。北欧的斯堪的纳维亚设计流派由此兴起，对世界各国影响很大，在住宅中创造田园般的舒适气氛，强调自然的色彩和天然材料的应用，采用许多民间艺术手法和风格。在此基础上设计师不断在回归自然上下功夫，创造新的效果，运用具象的和抽象的设计手法来使人们联想自然，感受大自然的温馨。回归自然的室内空间如图2-14所示。

图 2-13　卧室设计　　　　　　　　　　　　　图 2-14　回归自然的室内空间

2. 整体艺术化

随着社会物质财富的丰富,人们要求从"物的堆积"中解放出来,使各种物件之间形成统一、整体之美。室内环境设计是整体艺术,是对空间、形体、色彩及虚实关系的把握,对意境创造的把握及与周围环境关系的协调。许多成功的室内设计实例都是艺术上强调整体统一的作品。整体艺术化的室内空间如图 2-15 所示。

3. 高度现代化

随着科学技术的发展,在室内设计中采用现代科技手段,使设计达到最佳的声、光、色、形的匹配效果,实现高速度、高效率,完善功能,创造出理想的、值得人们赞叹的空间环境。高度现代化的室内空间如图 2-16 所示。

图 2-15　整体艺术化的室内空间　　　　　　　图 2-16　高度现代化的室内空间

4. 高度民族化

只强调高度现代化,人们虽然提高了生活质量,却又感到失去了传统、失去了过去。因此,室内设计的发展趋势要既讲现代,又讲传统,实现高度民族化。民族化的室内空间如图 2-17 和图 2-18 所示。

图 2-17　民族化的室内空间一

图 2-18　民族化的室内空间二

5. 个性化

　　工业化大生产给社会留下了千篇一律的同一化问题——相同的楼房、相同的房间、相同的室内设备。为了打破同一化，人们追求个性化。一种设计手法是把自然引进室内，室内外通透或连成一片；另一种设计手法是打破"水泥方盒子"，采用斜面、斜线或曲线装饰，以此来突破水平垂直线装饰的习惯，求得变化，还可以利用色彩、图画、图案及玻璃镜面的反射来扩展空间等，打破千人一面的冷漠感。通过精心设计，给每个居室以个性化的特征。个性化的室内空间如图 2-19 所示。

6. 高技术、高情感化

　　国际上工业先进国家的室内设计正在向高技术、丰富情感方向发展。高技术与丰富情感相结合，既重视科技，又强调人情味。在艺术风格上追求频繁变化，新手法、新理论层出不穷，呈现五彩缤纷、不断探索创新的局面。高技术、丰富情感的室内空间如图 2-20 所示。

图 2-19　个性化的室内空间

图 2-20　高技术、丰富情感的室内空间

二、生态室内设计是发展的必然

人类社会的发展,不论是物质技术的,还是精神文化的,都具有历史延续性,尤其讲究有机统一和可持续发展。对室内设计而言,在生活居住、旅游休闲和文化娱乐等类型的室内环境里,都可以因地制宜地采取具有民族特点、地方风格、乡土风格,充分考虑历史文化的延续和自然发展的设计手法,在结合业主文化背景及生活品位的同时,强调生态设计,注重环保、节能,减少污染,营造真正健康的生活环境。

结合目前设计潮流,思考未来设计的流行趋势,对我们而言,设计不仅仅是一种形式的设计、色彩的推敲。在注重色彩、形式及技术的因素外,设计还应该是艺术、科学与生活的整体结合,是功能、形式与技术的总体性协调,通过物质条件的塑造与精神品质的追求,以创造人性化生活环境为最高理想与最终目标。因为室内设计的实质目标,不只是服务个别对象,其积极的意义在于掌握时代的特征、地域的特点和技术的可行,在深入了解历史财富、地方资源和环境特征后,塑造出一种合乎潮流又具有生态科技含量的高层文化品质的生活环境。

未来的室内设计将更注重绿色、生态和可持续发展。设计师将利用科学技术和设计新元素,将艺术、人文、自然进行适性整合,创造出具有较高文化内涵、合乎人性的生活空间。具体讲,小环境的创造包括给生活和工作在其中的人们提供宜人的温度、湿度、清洁的空气、好的水环境和声环境,以及长效、灵活、开敞的室内空间,将设计元素和业主对家居文化更高层面的追求有机地结合起来。

总之,新家居空间设计以需求为依托来发展,以人性化彰显空间价值,并以高品位的设计为业主实现空间价值。因此,古典怀旧、现代将周而复始地交替出现,单纯与烦琐、厚重与简洁将会以各种形式对比与共存,而悠闲、舒适、健康、个性化将在未来一段时间内成为人们对居住环境的追求。对设计师而言,环境是人的环境,空间是人的空间,设计也是永远为人服务的。

思 考 题

○　○　○　○　○

家居空间设计未来发展方向如何?

第四节
家居空间设计形成的风格

一、传统风格

传统风格的室内设计是指在室内布置、色调及家具、陈设的造型等方面,吸取传统设计中的主要特征,反映了身处后工业社会的现代人的怀旧情结和对传统的怀恋,促使设计师从历史中寻找灵感。

1. 中国传统风格

中国传统室内设计风格比较讲究端庄的气质和丰富的文化内涵,从家具的陈列到陈设品的布置,常采用均衡的手法来达到稳健、庄重的效果。中国传统风格家居空间设计如图 2-21 所示。

2. 日本传统风格

日本传统风格的造型元素简约、干练,色彩平和,以米黄、白等浅色为主。室内家具小巧单一,尺寸低矮。日式传统风格追求一种悠闲、随意的生活意境,空间造型极为简洁,在设计上采用清晰的线条,而且在空间划分中极少用曲线式的划分,具有较强的几何感。日本传统风格家居空间设计如图 2-22 所示。

图 2-21　中国传统风格家居空间设计　　　　　图 2-22　日本传统风格家居空间设计

3. 伊斯兰传统风格

伊斯兰建筑普遍使用拱券结构,拱券丰富的样式成为室内装饰的核心。伊斯兰建筑的装饰特点主要有两种:一是券和穹顶具有多种花样,二是使用大面积装饰图案。券的形式有双圆心尖券、马蹄券、火焰券、花瓣券等。伊斯兰传统风格家居空间设计如图 2-23 所示。

4. 古典欧式风格

欧式风格主要分为文艺复兴式、巴洛克式、洛可可式等三种类型。其主要构成手法有三类,第一类是室内构件要素,如柱式和楼梯等;第二类是家具要素,如床、桌椅和几柜等,常以兽腿、花束及螺钿雕刻来装饰;第三类是装饰要素,如墙纸、窗帘、地毯、灯具和壁画等。它们具有一定的设计法则,注重背景色调,重视比例和尺寸的把握。古典欧式风格家居空间设计如图 2-24 所示。

图 2-23　伊斯兰传统风格家居空间设计　　　　图 2-24　古典欧式风格家居空间设计

二、现代风格

现代风格起源于 1919 年创始的包豪斯学派。该学派强调突破旧传统,创造新建筑,重视功能和空间组织,注意发挥结构构成本身的形式美;造型简洁,反对多余装饰;崇尚合理的构成工艺,尊重材料的性能。现代风格家居空间设计如图 2-25 所示。

三、后现代风格

后现代主义与现代风格相悖,后现代风格强调建筑及室内设计应具有历史的延续性,但又不拘泥于传统的逻辑思维方式,探索创新造型手法,讲究人情味,常在室内设置夸张、变形的柱式和断裂的拱券,或把古典风格中的部分抽象形式重新组合在一起,即采用非传统的混合、叠加、错位、裂变等手法和象征、隐喻等手段。后现代风格家居空间设计如图 2-26 所示。

图 2-25　现代风格家居空间设计　　　　　　图 2-26　后现代风格家居空间设计

四、自然风格

自然式风格又称乡土风格、田园风格、地方风格,提倡回归自然。美学上推崇自然美,认为只有崇尚自然、融于自然,才能在当今快节奏的社会生活中,使人们的生理与心理得到平衡。

自然风格一方面主张用木料、织物、石材等天然材料,显示材料本身的纹理,清新淡雅,力求表现悠闲、质朴、舒畅的情调,营造自然、高雅的室内氛围;另一方面也重视对地方民俗风格的吸纳和发扬,提倡对环境、生态的保护。自然风格家居空间设计如图 2-27 所示。

五、折中风格

折中风格将各种风格进行时空融合,追求形式美,讲究比例。折中风格家居空间设计如图 2-28 所示。

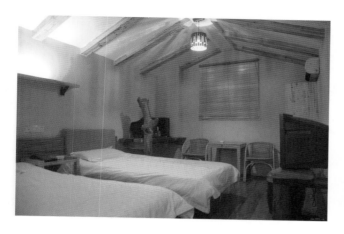

图 2-27　自然风格家居空间设计

图 2-28　折中风格家居空间设计

六、地域民居风格

　　我国大部分的民居建筑，一方面深受儒家文化的影响，在布局、结构和规模等方面体现了礼制的等级、尊卑和序列的精神，另一方面则因各地区的自然环境、经济、文化和民族特点等的差异，形成具有各式民居特色的建筑装饰风格。不同地域的民居，室内设计的形式、布局、构造和风格也完全不同，如北京四合院、徽州民居、江南水乡村落、土楼、干栏式民居、石构民居、土坯平顶民居、窑洞等，不同民居有不同的装饰设计，除表现为不同的空间组织以外，还体现了不同的地域文化。地域民居风格家居空间设计如图 2-29 所示。

图 2-29　地域民居风格家居空间设计

思 考 题

　　如何把握家居空间设计的风格？

第五节
家居空间设计师的素质要求

设计创造是以综合为手段、以创新为目标的高级复杂的劳动。我国室内设计市场近几年空前繁荣,在很大程度上提高了人们的工作和生活质量。尽管设计行业发展得很快,但在实践和理论上要避免急功近利、浮躁的问题,还须经过一个认真思考的发展过程。作为设计创造主体的设计师不仅要掌握相关的专业知识与技能,而且要不断提高文化艺术修养,充分了解国内外装饰设计行业发展动态和趋势,树立一个专业性强、水准高的设计导向,使设计更好地服务于市场。

一、充分掌握艺术与设计的基本知识与技能

1. 掌握造型基础、专业设计技能及相关的理论知识

造型基础训练以设计师的形态、空间认识及表现能力为核心,设计速写是快捷方便的设计表现语言,具有记录视觉和分析设计功能的作用,它是不可缺少的重要技能。(见图 2-30 和图 2-31)

2. 熟练掌握计算机辅助设计

设计师应具备绘制效果图和施工图的能力,具备建筑装饰材料、建筑装饰结构与构造、施工技术方面的知识,熟悉室内声、光、热、风、水、电等物理和设备的基本常识。(见图 2-32 至图 2-35)

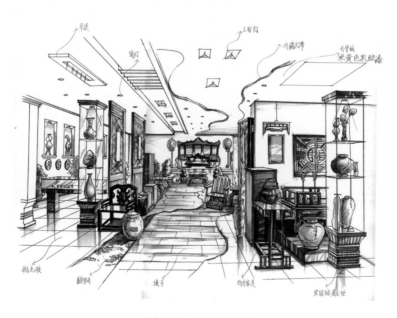

图 2-30　室内设计三

图 2-31　室内设计四

图 2-32　室内设计五

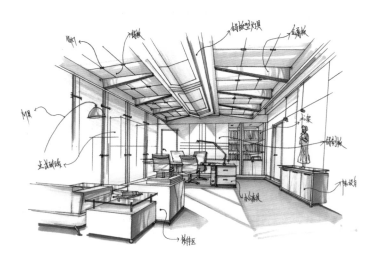

图 2-33　室内设计六

图 2-34　室内设计七

图 2-35　室内设计八

3. 掌握艺术与设计理论知识

要掌握艺术与设计理论知识需具备较好的艺术理论素养和设计表达能力,如设计史论、设计方法论、创造性设计思维等。学习并吸收民族传统、民间艺术特色,不断拓宽创作思路,提高创作能力和制作技巧。

二、具备其他交叉学科的相关知识

1. 了解一定的经济和市场营销知识

设计人员应具有较强的社会实践技能和组织能力,能够处理各种公共关系,善于发现问题、分析问题和解决问题。一名优秀的设计师,能够在无法改变各种制约因素的条件下,最大限度地发挥创造性,运用各种设计手段来达到满意的效果。

2. 熟练掌握并充分利用计算机网络工具

通过网络及时掌握专业技术的学术进展和动态,及时更新知识结构和设计手段,勤于思考,勇于实践,激发新的创作灵感。

3. 掌握新动态和新技术

及时掌握行业标准的变化动态,掌握装饰材料的更新动态及装饰工艺的新技术、新方法。掌握有关建筑和室内环境设计的法规知识,如防火、安全、招投标法、工程管理与合同标准等。

三、具有团结与协作的团队精神

1. 具有高度的社会责任感和良好的社会伦理道德

注重不同学科知识和技能渗透的科学方法,培养设计中的综合互补能力。

2. 遵纪守法、尊重他人、注重协作

每项设计工程都受经济、材料、经营、基础条件和人为干扰等多种因素的制约,它是一种集体行为,成功的设计师都是成功的合作者。

思 考 题

家居空间设计师的素质要求有哪些?

Jiaju Kongjian Sheji

第三章
家居空间设计原则

一、家居空间设计的依据——人体工程学

人体工程学在家居空间设计中的应用如下。

1. 确定人和人际在室内活动所需空间的主要依据

根据人体工程学中的有关计测数据,从人的尺度、动作域、心理空间及人际交往的空间等,确定空间范围。

2. 确定家具、设施的形体、尺度及其使用范围的主要依据

家具设施为人所使用,因此它们的形体、尺度必须以人体尺度为主要依据;同时,人们为了使用这些家具和设施,在其周围必须留有活动和使用的最小余地,这些要求都由人体工程学科学地予以解决。

家居空间中的人体工程学如图 3-1 至图 3-3 所示。

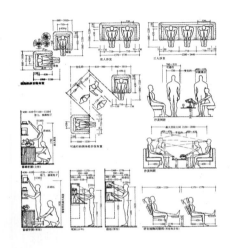
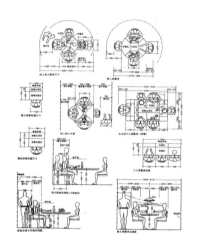
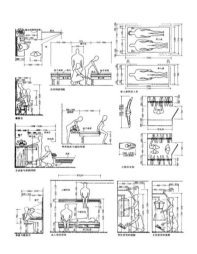

图 3-1　家居空间中的人体工程学一　　图 3-2　家居空间中的人体工程学二　　图 3-3　家居空间中的人体工程学三

3. 提供适应人体的室内物理环境的最佳参数

室内物理环境主要有室内热环境、声环境、光环境、重力环境、辐射环境等,有了上述要求的科学参数后,在设计时才能进行正确的决策。

4. 对视觉要素的计测为室内视觉环境设计提供科学依据

人眼的视力、视野、光觉、色觉是视觉的要素,人体工程学通过计测得到的数据,为室内光照设计、室内色彩设计、视觉最佳区域等提供了科学的依据。

二、居住空间内含物的尺寸

1. 家具设计的基本尺寸

衣橱:深度为 60～65 cm,衣橱门宽度为 40～65 cm。

推拉门:高度为 190～240 cm。

矮柜:深度为 35～45 cm,柜门宽度为 30～60 cm。

电视柜:深度为 45～60 cm,高度为 60～70 cm。

单人床:宽度为 90 cm、105 cm、120 cm,长度为 180 cm、186 cm、200 cm、210 cm。

双人床:宽度为 135 cm、150 cm、180 cm,长度为 180 cm、186 cm、200 cm、210 cm。

圆床:直径为 186 cm、212.5 cm、242.4 cm(常用)。

室内门:宽度为 80～95 cm,高度为 190 cm、200 cm、210 cm、220 cm、240 cm。

厕所、厨房门:宽度为 80 cm、90 cm,高度为 190 cm、200 cm、210 cm。

窗帘盒:高度为 12～18 cm,深度为 12 cm(单层布)、16～18 cm(双层布)(实际尺寸)。

单人式沙发:长度为 80～95 cm,深度为 85～90 cm,坐垫高为 35～42 cm,背高为 70～90 cm。

双人式沙发:长度为 126～150 cm,深度为 80～90 cm。

三人式沙发:长度为 175～196 cm,深度为 80～90 cm。

四人式沙发:长度为 232～252 cm,深度为 80～90 cm。

小型、长方形茶几:长度为 60～75 cm,宽度为 45～60 cm,高度为 38～50 cm(38 cm 最佳)。

中型、长方形茶几:长度为 120～135 cm;宽度为 38～50 cm 或 60～75 cm。

正方形茶几:长度为 75～90 cm,高度为 43～50 cm。

大型、长方形茶几:长度为 150～180 cm,宽度为 60～80 cm,高度为 33～42 cm(33 cm 最佳)。

圆形茶几:直径为 75 cm、90 cm、105 cm、120 cm,高度为 33～42 cm。

方形茶几:宽度为 90 cm、105 cm、120 cm、135 cm、150 cm,高度为 33～42 cm。

固定式书桌:深度为 45～70 cm(60 cm 最佳),高度为 75 cm。

活动式书桌:深度为 65～80 cm,高度为 75～78 cm;书桌下缘离地至少 58 cm;长度最少 90 cm(150～180 cm 最佳)。

餐桌:高度为 75～78 cm,西式餐桌高度为 68～72 cm。一般方桌宽度为 75 cm、90 cm、120 cm;长方桌宽度为 80 cm、90 cm、105 cm、120 cm,长度为 150 cm、165 cm、180 cm、210 cm、240 cm。

圆桌:直径为 90 cm、120 cm、135 cm、150 cm、180 cm。

书架:深度为 25～40 cm(每一格),长度为 60～120 cm;下大上小型下方深度为 35～45 cm,高度为 80～90 cm。

活动未及顶高柜:深度为 45 cm,高度为 180～200 cm。

木隔间墙厚:6～10 cm。

内角材排距:长度为 (45～60 cm)×90 cm。

2. 室内常用尺寸

1)墙面尺寸

(1)踢脚板高:8～20 cm。

(2)墙裙高:80～150 cm。

(3)挂镜线高:160～180 cm(画中心距地面高度)。

2)餐厅

(1)餐桌高:75～79 cm。

(2)餐椅高:45～50 cm。

(3)圆桌直径:两人 50 cm,三人 80 cm,四人 90 cm,五人 110 cm,六人 110～125 cm,八人 130 cm,十

人 150 cm,十二人 180 cm。

　　(4) 方餐桌尺寸:两人 70 cm×85 cm,四人 135 cm×85 cm,八人 225 cm×85 cm。

　　(5) 餐桌转盘直径:70～80 cm。

　　(6) 餐桌间距:(其中座椅占 50 cm)应大于 50 cm。

　　(7) 主通道宽:120～130 cm。

　　(8) 内部工作通道宽:60～90 cm。

　　(9) 酒吧台高:90～105 cm,宽 50 cm。

　　(10) 酒吧凳高:60～75 cm。

　　3) 卫生间

　　(1) 卫生间面积:3～5 m^2。

　　(2) 浴缸长度:122 cm、152 cm、168 cm;宽为 72 cm,高为 45 cm。

　　(3) 坐便器:75 cm×35 cm。

　　(4) 冲洗器:69 cm×35 cm。

　　(5) 盥洗盆:55 cm×41 cm。

　　(6) 淋浴器高:210 cm。

　　(7) 化妆台:长为 135 cm,宽为 45 cm。

三、家居空间设计基本原则

1. 功能性原则

　　居室的使用功能很多,主要来说有两点:一是为居住者的活动提供空间环境;二是满足物品的储存功能。其目的是使居室有预想的生活、工作、学习必需的环境空间。不同功能的家居空间设计如图 3-4 和图 3-5 所示。

图 3-4　家居空间设计五

图 3-5　家居空间设计六

2. 安全性原则

无论是墙面、地面还是顶棚,其构造都要求具有一定强度和刚度,符合计算要求,特别是各部分之间连接的节点,更要安全可靠。天棚吊顶构造要特别注意安全性,如图 3-6 所示。

3. 可行性原则

可行性是指通过施工把设计变成现实的可能性。室内设计一定要具有可行性,力求施工方便,易于操作。如图 3-7 所示的卧室设计具有可行性。

图 3-6　天棚吊顶构造

图 3-7　卧室设计

4. 经济性原则

要根据建筑的实际性质及用途确定设计标准,不要盲目提高标准,单纯追求艺术效果,造成资金浪费,也不要片面降低标准而影响效果,重要的是在同样的造价下,通过巧妙的构造设计达到良好的使用与艺术效果。体现经济性原则的客厅设计如图 3-8 所示。

5. 美观化原则

美观化是指居室的装饰要美观、具有艺术性,特别是要注意体现个体的独特审美情趣,不要简单地模仿和攀比,要根据各个居室的大小、空间、环境、功能,以及家庭成员的性格、修养等诸多因素来考虑,只有这样才能显现个性美感。居室装饰美观化原则是个性美和共性美的一种辩证统一,不要失掉个性审美追求,要将共识性的审美观通过对个性美的追求体现出来。体现美观化原则的餐厅设计如图 3-9 所示。

图 3-8　客厅设计

图 3-9　餐厅设计

思　考　题

家居空间设计原则有哪些？

Jiaju Kongjian Sheji

第四章
家居空间设计内容

第一节
家居空间组织和界面处理

一、家居空间的组织

　　家居空间包括基础空间（比如外卫生间、走道、玄关、储藏室、阳台）、公共空间（比如客厅、餐厅、休闲室）、私密空间（比如卧室、书房、内卫生间）、家务空间（比如厨房、洗衣房）等。家居空间功能分区图如图 4-1 所示。但由于人们活动空间的复杂性，上述空间并不是固定不变的，有时候可以灵活变化。比如洗衣房和阳台，在空间充足的情况下可以分开，但当空间比较紧张时，可以两种空间合一；很多空间可以多功能使用，比如书房，当使用者是用来读书、学习时，它就是一个私密空间，但当主人在书房里会客，谈论事情，那么这里就成了公共空间。一项好的家居设计，要有合理的空间布局，这是室内设计的基础。

图 4-1　家居空间功能分区图

（一）家居空间的组织艺术

　　进行室内空间组织时，要确定一种合理的空间秩序。它关系住宅室内整体结构和布局的全局性问题。确定空间秩序时，不仅要考虑某个固定点的静态效果，而且要考虑人活动于其中时的效果。

客厅作为家居空间的中心,具有家庭团聚、娱乐(听音乐、看电视)、会客等综合性的功能,主客流线应通畅,这部分空间应保证其完整的空间形态,要求明亮、开放,其辅助绿化、家具陈设、电器、灯具等的格调、款式、色彩、材料等相互间应协调,要能反映主人的品位。

住宅空间的过厅、过道是连接各功能空间的,其交通流线应简捷,通往住宅空间的通道宽度不能小于0.8 m。

就餐区可单独设置,也可放在客厅靠近厨房的一隅,当此空间靠近门厅时应考虑人的来往、走动等活动因素。

书房为读书、办公之所,兼有私人会客的功能,这部分空间要考虑家具(工作台、椅、书架、沙发等)的合理安排和尺寸,满足舒适的要求。

成人卧室的功能为睡眠、休息、化妆、储藏、阅读。儿童卧室的功能主要是玩耍、睡眠、学习,要充分考虑其趣味性及半公开性。

厨房的主要功能为烹调操作,设备及家具应按操作顺序来布置,避免走动过多,带冰箱的操作台、带水池的洗涤台及带炉灶的烹调台是厨房的主要设施。

卫生间的功能有家务劳动、洗浴、排便等。这部分空间里主要有浴盆、洗脸盆、坐便器、洗涤池、洗衣机等洁具与电器,卫生间的洗浴部分应与厕所部分分开。

(二)家居空间的处理技巧

家居空间的处理内容非常丰富,这里重点针对家居空间经常遇到的一些问题介绍空间的处理技巧。

1. 空间的合理利用

在目前房价过高的情况下,每一寸空间都比较珍贵,有效地利用并节省空间就显得尤其重要。合理利用空间的方法有很多:根据空间的使用频率来划分空间比例,将一些不常用的空间与其他空间结合;合理规划室内空间的活动路线,尽量避免线路重复与浪费;增加室内家具的多功能性,从而增强室内空间的多功能性;消除狭长通道或增加对通道空间的利用;合理调整门的位置及开启方向,增加空间的利用率等。

2. 室内空间的扩展

空间的大小并不是完全取决于面积,通过一些恰当的设计手法可以适当增加小空间的开阔感。室内空间扩展就是指在限定的空间里,通过设计手段使其加大和拓展。随着现在小户型需求与数量的增多,空间的扩展成了设计师必须掌握的设计技巧。每个人都希望所处的家居空间宽敞,如何才能使空间显得比实际尺寸大呢?这里有几种比较常用的方法供设计师参考。

(1)墙与天花板颜色相同,不做踢脚线,安放向上打光的灯,将窗帘做得比窗户高,都可以达到天花增高的感觉。

(2)利用视错觉扩展空间。在两个面积相同的空间里,一般横线可以让狭窄的空间相对拉宽,竖线可令低矮的空间相对升高,这就是人的视错觉。可以利用这个错觉使矮的空间显得高些,狭窄的空间显得宽大些。(见图4-2和图4-3)

(3)利用明暗关系扩展空间。相同面积的两个空间,亮色显得宽大,暗色显得狭小。亮色显轻,暗色显重。因此可以通过对室内几个界面进行明暗对比来扩展空间或提升空间的高度。如图4-4①所示的室内空间会显得低矮,四壁空间得到扩展,整体面积显得较大;如图4-4②和③所示的室内空间因顶棚显轻上升、地面显重下降而显得高。

(4)利用色彩扩展空间。不同的色彩属性可以形成不同的空间感,红色、橙色等暖色具有前进感,可以使空间显得狭小;蓝色、绿色等冷色具有后退感,可以使空间显得宽大。暖色空间如图 4-5 所示,冷色空间如图 4-6 所示。

图 4-2　竖式墙纸

图 4-3　横式装饰

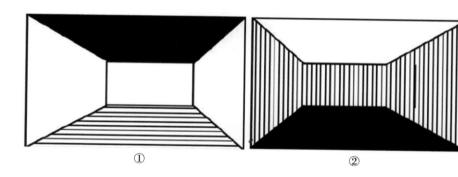

①　　　　　　　　　　　②　　　　　　　　　　　③

图 4-4　利用明暗关系扩展空间

图 4-5　暖色空间

图 4-6　冷色空间

还可以利用色彩的布局,使原有的面与面之间的界线不那么明显,消除原有界面死板的视觉和心理感受,达到扩展心理空间的目的。色彩在家居空间中的应用如图 4-7 所示。

图 4-7　色彩在家居空间中的应用

　　(5)利用镜面、玻璃等增加空间的穿透性和延伸空间。镜面装饰可以用镜面中的虚拟空间来扩展实体空间。当把一面墙换成镜面,整体房间面积感立马扩大一倍。但是镜面装饰运用要谨慎,如果运用得当,可以扩展空间、增加房间的趣味性;若使用过多,则会让人眼花缭乱、心神不宁,反而使人的心理空间缩小。室内装饰如图 4-8 和图 4-9 所示。

图 4-8　镜面装饰　　　　　　　　　　　　图 4-9　用玻璃分隔睡眠空间与视听空间

　　(6)合理利用充足的储藏空间扩展空间。合理利用储藏空间,可以使杂乱的物品得到有序存放,既使人们的日常生活用品有了固定的存放之处,用起来方便顺手,也可以使空间看起来整洁、开阔,从而达到扩展空间的效果。

　　(7)利用瞬间心理对比扩展空间。在设计门厅和过道的吊顶时,通常可以适当地吊低一些,使人们由过道进入客厅后有一种豁然开阔的感觉,产生一种瞬间的心理对比,通过这种强烈的对比,使原来的空间得到一种心理上的扩展。

虽然大部分空间都想达到宽敞开阔的视觉效果,但在家居空间中,为了让空间有温馨感,有时候需要调节过于高大的空间,比如可以把墙面的上部涂成与顶部相同的深色或用悬空的线型构架吊顶,以及用大尺度的图案装饰空间等。

二、家居空间界面的处理

家居空间界面是指围合成家居空间的底面、侧面和顶面。各类界面的功能特点如下:

(1)底面(楼、地面)——耐磨、防滑、易清洁、防静电。

(2)侧面(墙面、隔断)——挡视线,较高的隔声、吸声、保暖、隔热要求。

(3)顶面(平顶、天棚)——质轻,光反射率高,较高的隔声、吸声、保暖、隔热要求。

家居空间设计要求界面处理做到质、形、色的协调统一,尤其是对居室空间的营造产生重要影响的因素,如布局、构图、意境、风格等。

家居空间界面设计既有功能技术要求,又有造型美观要求,作为材料实体的界面,有界面的材质选用,界面的形状、图形线脚、肌理构成的设计,以及界面和结构构件的连接构造、风、水、电等管线设施的协调配合等方面的设计。

1. 家居空间界面设计的六个原则

1)功能原则——技术

当代著名建筑大师贝聿铭有这样一段表述:"建筑是人用的,空间、广场是人进去的,是供人享用的,要关心人,要为使用者着想。"可见,使用功能的满足是居室空间设计的第一原则。界面设计应满足不同的功能需要,例如起居室的功能是会客、娱乐等,其主墙界面设计要满足这样的功能。

2)造型原则——美感

居室界面设计的造型表现占很大的比重。其形状特点构造组合、结构方式,使得每一个最细微的建筑部件都有可能作为独立的装饰对象,例如门、墙、檐、天棚、栏杆等都可以利用各种造型艺术手段,达到新颖独特、具有艺术表现力的装饰效果。

3)材料原则——质感

不同功能空间的不同界面、不同部位选择不同的材料,通过材料质感的对比与衬托,更好地体现家居空间设计的风格。例如界面质感的丰富与简洁、粗犷与细腻,都是在比较中存在,在对比中得到体现。

4)实用原则——经济

从实用的角度去思考界面处理在材料、工艺等方面的造价要求,例如餐厅界面设计,在地板砖材料的选用上,价格也是衡量的一个依据。

5)协调原则——配合

如起居室顶面设计必须与空调、消防、照明等有关设施密切配合,尽可能使顶面上部各类管线协调配置。

6)更新原则——时尚

21世纪居室空间消费趋势呈现出自我风格与后现代设计局面,具有鲜明的时代感,讲究时尚,例如原有装饰材料需要由无污染、质地和性能更好、更新颖美观的装饰材料取代。

2. 家居空间界面设计的思考

1）顶面

顶面与地面是居住空间中相互呼应的两个面。作为建筑元素，顶面在空间中扮演了一个非常重要的角色。它的高度决定一个空间的尺度，直接影响人们对家居空间的视觉感受。不同功能的空间都有对顶面尺度的要求，尺度不同，空间的视觉和心理效果也截然不同。顶面还有区分空间的作用。在顶面与底面之间是墙，墙的高度由顶面决定，所以在进行居住空间设计过程中，顶面总是在墙面之前考虑。

2）墙面

墙是建筑空间中的基本元素，有建筑构造的承重作用和建筑空间的围隔作用。与其他建筑元素不同，墙的功能很多，而且构成自由度大，可以有不同的形态，如直、弧、曲等，也可以由不同材料（有机的、无机的）构成。因此在建筑空间里，设计师对墙的表现最为自由，甚至有时候随心所欲。

墙与柱一样也有天地界面，有头脚之分。在空间中墙的尺度由顶面和地面的尺寸决定。墙与顶面和地面有不可分割的联系。墙开洞而造成门窗，因此墙与空间中的门窗也有密切的关系。

不同功能空间对墙的要求不同，墙的构成千姿百态，丰富了建筑空间，因此墙成为设计师创造理想空间的重要元素。

墙的形式随着建筑技术和手段的进步而丰富多彩，其虚实、色彩、质地、光线、装饰等种种变化都可以使墙的形态发生变化。因此，墙的表现有助于居住空间情调与氛围的营造。墙是居住空间造型表现中的重要角色，因此，在居住空间设计中，应该把墙的表现与空间的使用设施、装置的形态、色彩联系起来，把主墙的表现融入整体设计之中。

3）地面

地面色彩是影响整个空间色彩主调和谐与否的重要因素，地面色彩的轻重、图案的造型与布局，直接影响居住空间视觉效果。在居住空间设计中既要充分考虑色彩构成的因素，又要考虑地面材质的吸光与反光作用。地面拼花要根据不同环境要求而定，通常情况下色彩构成要素越简单、整体感越强越好，要素应该是越少越好。拼花要求加工方法简单，单纯明快，符合人们的视觉心理，避免视觉疲劳。因此，在进行地面设计时，必须综合考虑多种因素，顾及空间、凹凸、材质、色彩、图形、肌理等关系。

3. 家居空间界面视觉感受

(1)线型划分与视觉感受：垂直划分感觉空间紧缩增高，水平划分感觉空间开阔降低。

(2)色调深浅与视觉感受：顶面颜色深，感觉空间降低；顶面颜色浅，感觉空间增高。

(3)花饰大小与视觉感受：大尺度花饰感觉空间缩小，小尺度花饰感觉空间增大。

(4)材料质感与视觉感受：石材、面砖、玻璃感觉挺拔冷峻，木材、织物较有亲切感。

思 考 题

1.家居空间的处理技巧有哪些？

2.家居空间界面设计的六个原则是什么？

第二节
家居空间视觉环境的设计

一、家居空间的照明设计

良好的通风和采光为人们提供了健康、舒适的室内空间环境,也在很大程度上决定了居室设计的质量。室内的采光方式主要包括自然光和人造光两类。住宅建筑在白天一般以自然采光为主,自然光具有明朗、健康、舒适、节能的特点。而人工照明具有光照稳定,不受房间朝向、位置的影响等特点。在设计中可根据每个空间的需要灵活设置灯具。

照明设计是家居空间设计的重要组成部分。现代家居空间照明设计,不再以光线充足为唯一目的,照明设计要同时满足人们的生理和心理需求,融实用性和审美性于一体。

1. 照明的方式

1)依灯具的照明方式分

灯具照明方式分为直接照明、半直接照明、漫反射照明、半间接照明及间接照明五种。灯具照明方式如图 4-10 所示。

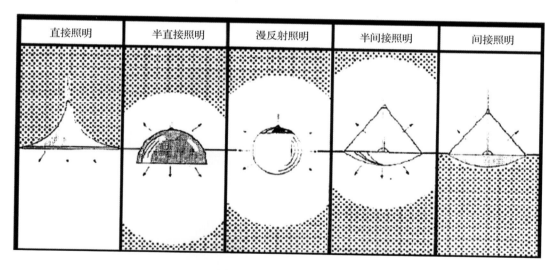

图 4-10　灯具照明方式

（1）直接照明指灯管上加不透明灯罩,光束全部向下射出,光照不均匀,室内有强弱光线区域,其特点为容易产生眩光,照明区与非照明区亮度对比强烈。

（2）半直接照明指灯管上加透明灯罩,有部分光束向下投射,余光向其他方向照射,光线均匀,光调统一。

（3）漫反射照明指灯具吊于顶棚,上加半透明封闭灯罩,使光束不直接投射而是均匀地折射而出,漫射向空间,光线散漫、柔和。此照明形式下灯具射到上下左右的光线大体相同,适用于各类空间。

（4）半间接照明指灯具吊于顶棚,发光正面部分受阻,使大约 60% 的光线照射到墙和顶棚上,只有少量

光线直接照射在被照物上,使整个居室空间光线柔和、明暗对比不太强烈。

（5）间接照明指灯具吊于顶棚,发光正面部分被遮挡,光束射向上部,再从四周折射下来,光线均匀柔和、无眩光,适用于小空间。灯具照明方式分析如图 4-11 所示。

图 4-11　灯具照明方式分析

2)依灯具的布局方式分

（1）整体照明:使用悬挂在顶棚上的固定灯具进行照明,又称为基础照明。

这种照明方式会形成一个良好的水平面,在工作面上的光线照度均匀一致,照明面广,照明要求明亮、舒适、照度均匀、无眩光等,不仅可以采用直接照明方式(见图 4-12),而且可以采用间接照明方式(见图 4-13),适合于起居室、餐厅等空间的普遍照明。

图 4-12　直接照明

图 4-13　间接照明

（2）局部照明:又称工作照明。整体照明是整个居室空间的全面基本照明,而局部照明有更明确的目的性,照明集中,局部空间照度高,对大空间不形成光干扰,能为工作面或被照物体提供更为集中的光线,并能形成有特点的气氛和意境,如卧室的床头灯、书房的台灯、卫浴间的镜前灯等。

为了获得舒适轻松的照明环境,使用局部照明时,要有足够的整体照明光线并避免眩光,活动区域和周围环境亮度应保持3:1的比例,亮度对比不宜太强烈。

(3)重点照明:在居住空间中,根据需要对照片、绘画、雕塑、其他艺术品等局部空间进行集中的光线照射,增强立体感,使其更加突出的照明(见图4-14)。

(4)装饰照明:又称气氛照明,是以色光营造一种带有装饰意味的气氛或戏剧性的效果(见图4-15)。其目的是丰富空间的色彩和层次,可根据居室中各部分的特点创造出或华贵或质朴或现代或明快或优雅或奔放的个性空间。装饰照明不仅具有纯粹装饰性的作用,也可以兼顾功能性,所以设计时要考虑灯具的造型、尺度、色彩、安装位置、节能等方面。

图 4-14　重点照明

图 4-15　装饰照明

2. 照明的基本要求

不同的家居活动空间对照度要求不同,设计者要适当地控制不同空间的照度水平,工作学习的书房与进行社交活动的客厅需要高照度照明;睡眠休息时需要低照度照明。我国《建筑照明设计标准》规定的住宅建筑照明标准值如表4-1所示。

表 4-1　住宅建筑照明标准值

房间或场所		参考平面及其高度	照度标准值/lx	显色指数 R_a
起居室	一般活动	0.75 m 水平面	100	80
	书写、阅读		300*	
卧室	一般活动	0.75 m 水平面	75	80
	床头、阅读		150*	
餐厅		0.75 m 餐桌面	150	80
厨房	一般活动	0.75 m 水平面	100	80
	操作台	台面	150*	
卫生间		0.75 m 水平面	100	80
电梯前厅		地面	75	60
走道、楼梯间		地面	50	60
车库		地面	30	60

注:＊指混合照明照度。

　　为了提高空间照明的舒适性,保证适当的空间亮度对比非常重要。工作区、工作区周围和环境背景之间的亮度差异不宜过大,对比过于强烈会引起不适的眩光感,容易让人感觉疲劳和烦躁。通常情况下,工作区的亮度不能超过周围环境的4倍,并尽量达到最小对比。

　　室内照度均匀及分布单一会让人感觉单调,美感不足,好的家居空间照明设计应根据环境的不同设计出富有变化且层次丰富的照度分布。

　　室内不同材质的反射强度对照明亮度有一定的影响,相同的照度在光滑的浅色调家居环境中感觉较亮,而在粗糙的深色调环境中则感觉较暗,需要增强补充照明。

　　不同年龄阶段人群对照度要求不同,若以20岁人群需要的照度为标准,则35岁人群是其2倍,65岁人群是其5倍。因此为了满足不同年龄段人群的需要,照明设施应具有较好的可调节性。

　　不同的空间环境需要不同的光线色调,如果室内环境为暖色调,则照明应选择暖色调的光源,相反则应选择冷色调的光源。睡眠、就餐、会客、视听适合使用暖光源,家务劳动和工作学习适合使用冷光源。

3. 灯具应用

1)吊式灯具

　　造型优美的工艺吊灯常用于客厅,安放时要注意吊灯与空间的大小比例及尺度;长杆吊灯多用于餐厅。餐厅的长杆吊灯如图4-16所示。

图4-16　餐厅的长杆吊灯

2)日光灯、格栅灯

　　日光灯包括光带和霓虹灯。日光灯如图4-17所示。格栅灯如图4-18所示。

图 4-17 日光灯

图 4-18 格栅灯

3）吸顶灯

吸顶灯在目前层高适中的单元式家居空间中应用比较广，吸顶灯的灯罩很重要，在照明的同时可以起到很好的装饰效果。吸顶灯如图 4-19 所示。

4）壁灯

壁灯一般是辅助光源，亦灯亦饰。壁灯如图 4-20 所示。

图 4-19 吸顶灯

图 4-20 壁灯

5）聚光灯、射灯、轨道射灯

聚光灯、射灯、轨道射灯，一般都是为加强立面或顶面的装饰效果而设置的装饰光源。聚光灯如图 4-21 所示，射灯如图 4-22 所示，轨道射灯如图 4-23 所示。

图 4-21 聚光灯

图 4-22 射灯

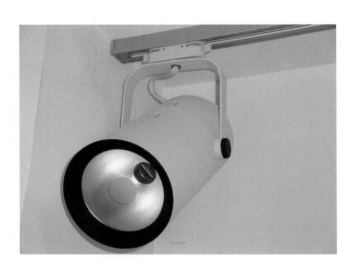

图 4-23　轨道射灯

6)台灯、落地灯、床头灯

台灯、落地灯、床头灯一般是为了便于阅读、工作而设的局部照明,风格要与整体设计风格相协调。台灯如图 4-24 所示,落地灯如图 4-25 所示,床头灯如图 4-26 所示。

图 4-24　台灯

图 4-25　落地灯

图 4-26　床头灯

4.照明设计常用处理手法

1)点、线、面

从形式上讲,光的造型可分为三大类:点光、线光和面光。合理、有节制的点、线、面的搭配,是造就美感的必要条件。(见图 4-27)

2)节奏与韵律

光作为一种形体,其排列顺序和节奏能带来相应的韵律,空间形体塑造所采用的形式美法则同样适用于照明设计。(见图 4-28)

图 4-27 家居空间照明一

图 4-28 家居空间照明二

3)阴与阳的平衡

通常在照明设计中,有明光和藏光之分,这两种光如果在适当的空间里表现出适当的光量,达成平衡,就可以表现出美妙的光影效果。(见图 4-29)

图 4-29 家居空间照明三

4)冷暖相间

照明从形式上借用空间的色彩原理,光有冷暖之分,如果用大面积的冷光包围面积比较小的、色相较暖的光,或者相反,都有可能产生很好的效果。在照明设计时考虑冷调子和暖调子的有机结合,这是所有艺术表现形式的必然手法。冷光照明如图 4-30 所示,暖光照明如图 4-31 所示。

图 4-30　冷光照明　　　　　　　　　　　　　　　图 4-31　暖光照明

二、家居空间的色彩设计

1. 色彩三要素

我们在欣赏大自然丰富色彩的同时,可以通过对其内在规律的研究来更好地掌握和运用色彩。构成色彩的三个重要因素——色相、明度、纯度就是研究色彩的重要方面。

1)色相

色相是色彩所呈现的相貌,是色彩的第一属性。基本色相为红、橙、黄、绿、蓝、紫,在 6 色中加入中间色,可制成 12 基本色相环,分别为红、橙红、橙、黄橙、黄、黄绿、绿、蓝绿、蓝、蓝紫、紫、紫红(见图 4-32)。如果在这 12 色相中每两种色相间再加入一个中间色,便可以得到 24 色相环。

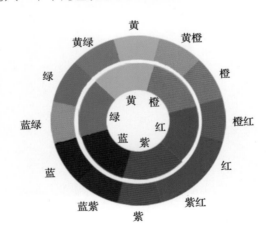

图 4-32　色相环

2)明度

明度是色彩的明暗程度,是色彩的结构和骨骼,黑色的明度最低,白色的明度最高。

3)纯度

色彩纯度又称彩度,是色彩的鲜艳程度,表现了色彩中含有的黑、白成分的多少,含有黑白成分越少,纯度越高,色相越明显;反之则纯度越低,色相越模糊。

2. 室内色彩的心理效应

1)冷暖感

在色彩设计中,常常把不同色相的色彩分为暖色、冷色和中性色。从红紫、红、橙到黄色为暖色,其中以橙色为最暖。从蓝紫、蓝至青绿色称冷色,以蓝色为最冷。介于这两种色性间的色彩常常称为中性色。

2)远近感

不同的色彩可以使人产生不同的距离感觉,色彩远近感主要与色相和明度有关,暖色系和明度高的色彩具有前进、凸出、接近的效果,而冷色系和明度较低的色彩则具有后退、凹进、远离的效果。室内设计中常利用色彩的这些特点去改变空间的大小和高低。

3)重量感

色彩的重量感主要取决于明度和彩度,明度和彩度高的显得轻,如淡红、浅黄色。在室内设计的构图中常以此达到平衡和稳定的效果,以及表现性格(如轻飘、庄重等)。

4)扩张感和收缩感

色彩对物体大小的作用,包括色相和明度两个因素。暖色和明度高的色彩具有扩散作用,因此物体显得大。而冷色和暗色则具有内聚作用,因此物体显得小。不同的明度和冷暖有时也通过对比作用显示出来,室内不同家具、物体的大小和整个室内空间的色彩处理有密切的关系,可以利用色彩来改变物体的尺度、体积和空间感,使室内各部分之间的关系更为协调。

5)坚柔感

色彩的坚柔感主要与明度有关,明度高趋向柔软,明度低趋向坚硬。同时也与纯度有关,纯度低趋于柔软,纯度高趋于坚硬。

3. 室内色调的色彩性格

红色是具有强烈冲击力的色彩,是中国传统色,是生命和热情的象征,吉祥、喜庆日的主要装饰色,可装饰中国古典风格的房间及新婚洞房。粉红色则具有温柔、顺从的特性。红色调家居空间设计如图 4-33 所示。

图 4-33　红色调家居空间设计

橙色属于色彩中最暖的颜色,明快活泼,给人以温馨感,使人联想到活力、精神饱满和积极的交往,能增进食欲,常用于餐厅中。橙色调家居空间设计如图 4-34 所示。

黄色具有温暖、愉悦的特性,古时被称为"天子之色",有华贵之感,常为积极向上、进步、文明、光明的象征,用作房间主色调时,要尽量用高明度来降低色相纯度。黄色调家居空间设计如图 4-35 所示。

图 4-34 橙色调家居空间设计

图 4-35 黄色调家居空间设计

　　绿色是植物生长、清新宁静、生命力和自然力量的象征,代表年轻、生命、希望、和平。从生理上和心理上,绿色都能令人平静、松弛,可以与原木材质等自然材质配合,创造田园风格。绿色调家居空间设计如图 4-36 所示。

　　蓝色从心理上是冷的、安静的、清高的,使人感到安静、清新、舒适和沉思。高贵的宝石蓝很受设计师青睐。蓝色调家居空间设计如图 4-37 所示。

图 4-36 绿色调家居空间设计

图 4-37 蓝色调家居空间设计

紫色具有精致富丽、高贵迷人的特点。偏红的紫色,华贵艳丽;偏蓝的紫色,沉着高雅,常象征尊严、孤傲或悲哀。紫色调家居空间设计如图 4-38 所示。

白色给人纯洁无瑕的感觉,以白色为主的家居空间,经过精心设计,结合其他颜色的点缀,同样可以显示出变幻多姿的层次,而且具有晶莹剔透、静洁风雅的效果。白色调家居空间设计如图 4-39 所示。

图 4-38　紫色调家居空间设计　　　　　　　　图 4-39　白色调家居空间设计

灰色调属中性色,会产生柔和文雅的气氛,更加令人寻味。灰色调家居空间设计如图 4-40 所示。

黑色通常让人感觉不吉祥,但是黑色也有沉稳、深沉、庄重、宁静等性格,所以在室内设计中,并非不可用,如果使用得当,也很有特色。黑色调家居空间设计如图 4-41 所示。

图 4-40　灰色调家居空间设计　　　　　　　　图 4-41　黑色调家居空间设计

人们对不同的色彩表现出不同的好恶,这种心理反应常常是因人们生活经验、利害关系及由色彩引起的联想造成的,此外也和人的年龄、性格、素养、民族、习惯分不开。在人的视觉中,色彩所带来的影响常常要优于形态,这一点对于那些没有受过专业训练的普通使用者尤为突出。因此,在室内设计中色彩设计是否得当,直接影响设计的成败。设计师要善于利用它积极的一面,避免消极的一面。人们对色彩的这种由经验感觉到主观联想,再上升到理智的判断,既有普遍性,又有特殊性;既有共性,又有个性;既有必然性,又有偶然性。

4. 色彩分类

室内色彩通常的分类方法是按照室内色彩的面积和重要程度来分,大体可以分为背景色、主体色、点缀色三类。

背景色作为室内的基色调,提供给所有色彩一个舞台背景。经常选用低纯度、含灰色成分较高的色,可增加空间的稳定感。

主体色是室内色彩的主旋律,它体现了室内的性格,决定了环境气氛,主要是大型家具和一些大型室内陈设,如沙发、衣柜等。在小的房间中,主体色与背景色相似,融为一体,使得房间看上去大点;若是大房间,则可选用背景色的对比色,使主体色与点缀色同处一个色彩层次,突出其效果,以改善大房间的空旷感。

点缀色是指室内小型、易于变化的物体色,如灯具、艺术品等,常选用背景色的对比色,作为最后协调色彩关系的中间色也是必不可少的,使色彩组合增加了层次、丰富了对比。

一般来说,室内色彩设计的重点在于主体色,主体色与背景色的搭配要在协调中有所变化、统一中有所对比,才能成为视觉中心。通常这三者的配色步骤是由最大面积开始,由大到小依次确定。

5. 室内色彩设定方法

有三种简单的方法可以进行室内色彩的设定。

1)单色系列基调设定法

在色相环中任选同一区域的色彩,作为室内几大界面的设色,使天、地、墙、物等形成深浅色对比。单色基调主要是运用色彩在明度上的对比进行设计。单色系列色极易使空间变化素雅而微妙,但易显单调,要拉开大色块的明度差,并用颜色对比较强的装饰物来调节。单色系家居空间设计如图4-42所示。

2)类似色系列基调设定法

在色相环中选两个相邻的区域色彩作为室内几大界面的设色,与单色系列相比,既有变化又能调和,再用小面积的对比色进行调节。类似色系家居空间设计如图4-43所示。

图4-42　单色系家居空间设计　　　　　　　图4-43　类似色系家居空间设计

3)对比色系列基调设定法

选取对比色,分布在室内几大界面,使天、地、墙、物等形成系列补色对比。补色对比具有鲜明的对立感,给人活跃、强烈的视觉效果,但易显得过于凌乱,要使其中一色占大面积成为主导色,也可用黑白调和。对比色系家居空间设计如图 4-44 所示。

6. 色彩搭配遵循的原则

(1)空间配色不得超过三种(白色、黑色除外)。(见图 4-45)

图 4-44　对比色系家居空间设计

图 4-45　空间色彩搭配一

(2)金色、银色可以与任何颜色相配衬。金色不包括黄色,银色不包括灰白色。(见图 4-46)

(3)家用配色在没有设计师指导时最佳配色灰度是:墙浅、地中、家具深。(见图 4-47)

图 4-46　空间色彩搭配二

图 4-47　空间色彩搭配三

(4)天花板的颜色必须浅于墙的颜色或与墙面同色。当墙面的颜色为深色设计时,天花板必须采用浅色。天花板的色系只能是白色或与墙面同色系者。(见图 4-48)

(5)空间非封闭贯穿的,必须使用同一配色方案。不同的封闭空间,可以使用不同的配色方案。金色和银色一般不能同时存在,只能在同一空间使用金色或银色的一种。(见图 4-49)

图 4-48　空间色彩搭配四

图 4-49　空间色彩搭配五

7. 如何利用色彩改变空间感受

（1）冷色、浅色、轻快而不鲜明的色彩可以扩大空间尺度感，减小色彩对比也有同样作用；强烈的色彩、暖色、深色或艳丽的色彩与其他色对比可以缩小空间尺度感，也可以通过增加色彩对比来做到这一点。

为了使狭长的走廊缩短变宽，走廊尽头的墙面宜用暖色或深色；为了使短浅的房间变长，尽端墙面应采用冷色或浅色、灰色调，或者减少色彩对比。

（2）暖色、鲜亮色较为明亮，可为暗房间配色，如饱和的暖色、奶黄色、杏黄色、鲜亮的浅蓝色。深颜色吸光，可用于私密空间。

（3）使各界面——顶、地、墙面都成一色，房间会显得大些，可利用不同的材质、图案来做变化。如果无法施以同色，应尽量减小界面之间的色差，形成一致，效果也会不错。

（4）大型家具过多时，空间会显得凌乱。如果将它们涂成背景色或拿背景色的织物去覆盖，就会使空间显得井然有序。

三、家居装饰施工常用材料

1. 骨架材料

室内装饰工程中，用来承受墙面、地面、顶棚等饰面材料的受力架称为骨架（又称龙骨）。它主要起固定、支撑和承重作用，主要用于天花、隔墙、棚架、造型、家具等，主要材料有木材、轻钢、铝合金、塑料等。骨架材料如图 4-50 所示。

2. 饰面材料

饰面材料也称贴面板，是家居装修中一种主要的面层装饰材料，属胶合板系列，是以胶合板为基础，表面贴各种天然及人造板材贴面。它具有各种木材的自然纹理和色泽，广泛应用于家居空间的面层装饰，常用的有木质饰面板、木质人造板材、矿物人造板、金属饰面板等。饰面材料如图 4-51 所示。

3. 地板及墙地砖装饰材料

地面装饰材料是整个装饰材料中的重要组成部分，传统的地面装饰材料有木地板、大理石、花岗石、水磨石、陶瓷地砖、陶瓷锦砖等。木质地板是指楼、地面的面层采用木板铺设，然后再进行油漆饰面的木板地面。它具有弹性好、耐磨性能佳、蓄热系数小及不老化等优点。而墙地砖是釉面砖、地砖与外墙砖的总称。

地板装饰材料如图 4-52 所示。

图 4-50　骨架材料

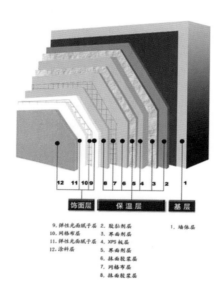

饰面层　　保温层　　基层

9.弹性光面腻子层　2.胶黏剂层　　　1.墙体层
10.网格布层　　　　3.界面剂层
11.弹性光面腻子层　4.XPS 板层
12.涂料层　　　　　5.界面剂层
　　　　　　　　　　6.抹面胶浆层
　　　　　　　　　　7.网格布层
　　　　　　　　　　8.抹面胶浆层

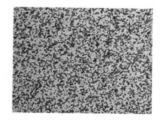

图 4-51　饰面材料

图 4-52　地板装饰材料

4. 玻璃装饰材料

玻璃是由石英砂、纯碱、石灰石等主要原料与某些辅助性材料经 1550～1600 ℃高温熔融成型并经急冷而成的固体。玻璃装饰材料如图 4-53 所示。

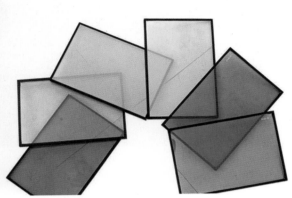

图 4-53　玻璃装饰材料

5. 石质装饰材料

居室装饰工程使用的饰面石材有天然石(大理石、花岗石)饰面板及人造石(人造大理石、预制水磨石)饰面板。大理石主要用于室内,花岗石主要用于室外,均为高级饰面材料,人造石材在建筑装饰工程中,也得到了广泛的应用。天然饰面石材除大理石、花岗石外还有板岩、锈板、砂岩、石英岩、瓦板、蘑菇石、彩石砖、卵石等。大理石、花岗石不仅用于墙面、柱面的装饰,而且用于地面、台阶、楼梯、水池和台面等造型面,花岗石也常用于室外装饰,而其他石材一般用于室内墙面或室外。石质装饰材料如图 4-54 所示。

图 4-54　石质装饰材料

6. 金属装饰材料

金属材料用在居室装饰工程上可分为两大类,一类为结构材料,另一类为装饰材料。结构材料较厚重,有支撑作用,多用作骨架、支柱、扶手、楼梯;装饰材料薄而易于加工处理,可铸冶成成品、半成品,或作天花扣板用。金属材料具有耐久性强、容易保养、色泽效果佳、塑性大等特色。金属装饰材料如图 4-55 所示。

7. 线条类材料

线条类材料是居室装饰工程中各平接面、相交面、分界面、层次面、对接面的衔接口、交接条的收边封口

图 4-55　金属装饰材料

材料。线条材料对装饰质量、装饰效果有着举足轻重的影响。线条材料在装饰结构上起着固定、连接、加强装饰饰面的作用。

8. 卷材类装饰材料

卷材类装饰材料因质地柔软,予人温暖舒适的触感又具欣赏价值,主要有壁纸、壁布、地毯、织物等。壁纸(布)是室内装修中使用最为广泛的墙面、天花板面装饰材料。其图案变化多端,色泽丰富,通过印花、压花、发泡可以仿制许多传统材料的外观,甚至达到以假乱真的地步。卷材类装饰材料如图 4-56 所示。

图 4-56　卷材类装饰材料

9. 涂料类装饰材料

涂料是油漆和一般涂料的总称。涂料是指涂布于物体的表面,能与物体黏结牢固形成完整而坚韧的保护膜的一种材料。涂料是居室装饰工程中常用的一种材料,它具有装饰和保护的作用,某些品种的涂料还具有特殊的性能,如防霉变、防火、防水等功能。涂料类装饰材料如图 4-57 所示。

10. 辅助材料

居室装饰施工的辅助材料很多,包含五金配件、胶黏剂、密封材料及保湿、吸声材料等,在建筑装修施工中是必不可少的配套材料。随着新材料、新技术的发展,辅助材料的种类会越来越多。辅助材料如图 4-58 所示。

图 4-57　涂料类装饰材料　　　　　　　　　　　　　　　　图 4-58　辅助材料

思 考 题

1. 家居空间视觉环境的设计包括哪几个方面?
2. 家居空间的照明方式有哪几种?
3. 家居空间设计中色彩搭配遵循哪几项原则?
4. 家居装饰施工常用材料有哪些?

第三节
家居空间内含物的设计和选用

一、家具

在人们的日常生活中,家具是开展各种生产与生活活动必需的物质设备,并且随着社会的发展不断进步,反映了不同时期的生产力水平。家具除了具有实用功能外,还集科技、文化、艺术于一体,和建筑、雕塑、绘画等艺术形式的发展同步,成为具有丰富内涵的物质形态。

(一)家具的分类

随着社会的发展,人们创造出各种类型与材质的家具,尤其是现今社会,随着使用功能与场合的多样化,许多新型家具被生产出来,最大限度地满足了现代人的生产和生活需要。家具由于材料、使用功能、制作等方面的融合,很难进行纯粹的分类,下面从多个角度对家具进行分类,以便使大家对家具有一个较为完整的认识。

1. 按基本功能分类

这种分类方法是根据人与物、物与物的关系,按照人体工程学的原理进行分类,是一种科学的分类方法。

1)坐卧类家具

坐卧类家具是最古老、最基本的家具类型。坐卧类家具体现了家具最基本的哲学内涵——家具经历了由早期席地跪坐的矮型家具到后期垂足而坐的高型家具的演变过程,这是人类告别动物的基本习惯和生存姿势的一种文明创造行为。

坐卧类家具是与人体接触面最多、使用时间最长、使用功能最多最广的基本家具类型,造型式样也最多最丰富。坐卧类家具按照使用功能的不同可分为椅凳类、沙发类、床榻类三大类。

椅凳类家具的品种最多,有马扎、长条凳、板凳、靠背椅、扶手椅、躺椅、折椅等。它的演变过程反映了社会生活方式与需求的变化。明清家具如图 4-59 所示。

沙发类家具起源于 18 世纪法国皇宫,是西方家具史上演变发展的重要家具类型,现在已经普及到全世界,成为客厅最主要的家具。为了满足人们寻求舒适感的需要,现代沙发的设计把人坐、躺、卧的不同生活方式进行了整合,功能更加多样。现代家具如图 4-60 所示。

图 4-59　明清家具

图 4-60　现代家具

床榻类家具最基本的功能是给人体提供休息睡眠的场所,除了传统的大床,各种席梦思软垫、水床、按摩床等高科技现代化床榻家具日益增多。床如图 4-61 所示。

2)桌台类家具

桌台类家具是与人类工作方式、学习方式、生活方式直接发生关系的家具,其高低宽窄的造型必须与坐卧类家具配套设计,具有一定的尺寸要求。在使用上可分为桌与几两类,桌类较高、几类较矮,桌类有写字台、抽屉桌、会议桌、课桌、餐桌、实验台、计算机桌、游戏桌等,几类有茶几、条几、花几等。茶几如图 4-62 所示。

特别需要注意的是,自从计算机问世以来,桌椅的设计有了与以前不同的意义,电子技术已经以日益高效而且小巧的产品与桌、椅的设计联系起来。桌与椅、茶几与沙发必须是统一设计的家具组合,在尺度上应根据其用途及用户的身材体形来设计,通常的高度尺寸是以椅子高 46 cm、桌台高 75 cm 作为基本标准尺寸的。

图 4-61　床　　　　　　　　　　　　　图 4-62　茶几

3）橱柜类家具

橱柜类家具也被称为储藏家具，在早期家具发展中的箱类家具也属此类，由于建筑空间和人类生活方式的变化，箱类家具正逐步在现代家具中消失，其储藏功能被橱柜类家具所取代。储藏家具虽然不与人体发生直接关联，但在设计上必须在适应人体活动的一定范围内来制定尺寸和造型。在使用上分为橱柜和屏架两大类，在造型上分为封闭式、开放式、综合式三种形式，在类型上分为固定式和移动式两种基本类型。

橱柜家具有衣柜、书柜、五屉柜、餐具柜、床头柜、电视柜、高柜、吊柜等。在现代建筑室内空间设计中，逐渐把橱柜类家具与分隔墙壁结合成一个整体。法国建筑大师与家具设计大师勒·柯布西耶早在 20 世纪 30 年代就将橱柜家具放在墙内，美国建筑大师赖特也以整体设计的概念，将储藏家具设计成建筑的组成部分，可以视为现代储藏家具设计的典范。书柜如图 4-63 所示。

4）装饰家具

装饰家具主要是指屏风与隔断类等起装饰作用的家具，通常用来美化环境和分隔空间，这点在中国传统的屏风、博古架上表现得最为突出。装饰家具在一些强调开敞性、可变性的室内空间中得到广泛应用，可以创造出变化丰富的空间，增添独特的视觉艺术效果。屏风如图 4-64 所示。

图 4-63　书柜　　　　　　　　　　　　图 4-64　屏风

2. 按材料与工艺分类

1)木质家具

无论在视觉上还是触觉上,木材都是多数材料无法超越的。木材具有独特美丽的纹理,独具的温暖与魅力,易于加工、造型与雕刻,所以,木材一直是古今中外家具设计与创造的首选材料,就是在家具日益趋向新潮与复合材料的今天,仍然在现代家具中扮演着重要的角色。

(1)实木家具。

实木家具在木材家具类型中是最古老也是第一代产品。在家具发展史上,从原始的早期家具一直到18世纪欧洲工业革命前,实木家具一直扮演着家具的主要角色。实木家具如图4-65所示。

(2)曲木家具。

曲木家具是利用木材可弯曲的特性,对所要弯曲的实木加热加压,使其弯曲成型后制成的家具。曲木家具是19世纪奥地利工匠索内最早发明的,并且大批量生产曲木椅,从此开创了现代家具的先河。曲木家具以椅子最为典型,床屏、桌子的腿部和藤竹、柳编家具制作上也多采用曲木工艺。曲木家具如图4-66所示。

图 4-65　实木家具

图 4-66　曲木家具

(3)模压胶合板家具。

模压胶合板也称为弯曲胶合板,这是现代家具发展史上工艺制造技术上的重大创造与突破。模压胶合板家具设计最重要的代表人物是芬兰现代建筑大师和家具设计大师阿尔瓦·阿尔托。他对模压弯曲胶合板技术进行了深入持久的探索,采用蒸汽弯曲胶合板技术,设计了一批至今都在生产的模压胶合板家具,是现代家具史上少有的成功典范,至今仍对北欧现代家具有重大影响。模压胶合板技术现在已从蒸汽热压成型发展到冷压成型,再发展到标准模压部件加工,成为现代家具工艺中的一项主要技术与加工工艺。其与金属、塑料、五金配件相结合,可以设计制造出品种繁多的家具造型,因而成为现代木材家具中的生力军。模压胶合板家具如图4-67所示。

2)竹藤家具

竹、藤、草、柳等天然纤维的编织工艺,是一项有悠久历史的传统手工艺,也是人类早期文化艺术史中最古老的艺术之一,至今已有7000多年的历史了。人类的早期智慧、手的灵巧进化和美的物化都在编织工艺中得到充分的体现。今天,在高科技、高技术普遍应用的现代社会,人类并没有抛弃这一古老的艺术,反之,其在现代的发展日趋完美,与现代家具的工艺技术和现代材料结合在一起,竹藤家具已成为绿色家具的典

图 4-67　模压胶合板家具

范。天然纤维编织家具造型轻巧而又独具材料肌理、编织纹理的天然美,以其他材料家具所没有的特殊品质,仍然受到当代人的喜爱,尤其是迎合了现代社会返璞归真、回归大自然的国际潮流,拥有广阔的市场。

　　竹藤家具主要有竹编家具、藤编家具、柳编家具和草编家具,以及现代化学工业生产的仿真纤维材料编织家具,在品种上以椅子、沙发、茶几、书报架、席子、屏风为多。近年来,金属钢管、现代布艺与纤维编织相结合,使竹藤家具更为轻巧、牢固,同时也更具现代美感。竹藤家具如图 4-68 所示。

　　3)金属家具

　　现代家具的发展趋势正在从传统的"木器时代"跨入"金属时代"与"塑料时代",尤其是金属家具,以其适应大工业标准批量生产、可塑性强和坚固耐用、光洁度高的特有魅力,迎合了现代生活求新求变和生产厂家求简求实的潮流,成为推广最快的现代家具之一。特别是随着专业化生产、零部件加工、标准化组合的现代家具生产模式的推广,越来越多的现代家具采用金属构造的部件和零件,再结合木材、塑料、玻璃等组合成灵巧优美、坚固耐用、便于拆装、安全防火的现代家具。

　　应用于金属家具制造的金属材料主要有铸铁、钢材、铝合金等。铸铁多用于户外家具、庭院家具和城市公共设施中的花栏、护栏、格栅、窗花等。钢材主要有两种,一种是碳钢,一种是普通合金钢。金属家具如图4-69 所示。

图 4-68　竹藤家具

图 4-69　金属家具

4）塑料家具

一种新材料的出现对家具的设计与制造能产生重大和深远的影响,例如轧钢、铝合金、塑料、胶合板、层积木等。毫无疑义,塑料是对 20 世纪的家具设计和造型影响最大的材料。塑料制成的家具具有天然材料家具无法替代的优点,尤其是整体成型自成一体、色彩丰富、防水防锈,成为公共建筑、室外家具的首选材料。塑料家具除了整体成型外,更多的是制成家具部件与金属材料、玻璃配合组装成家具。塑料家具如图 4-70 所示。

5）玻璃家具

玻璃是一种晶莹剔透的人造材料,具有平滑、光洁、透明的独特材质美感。现代家具的一个流行趋势就是把木材、铝合金、不锈钢与玻璃相结合,极大地增强了家具的装饰观赏价值。现代家具正在走向多种材质的组合,在这方面,玻璃在家具中的使用起了主导性作用。

由于玻璃现代加工技术的提高,雕刻玻璃、磨砂玻璃、彩绘玻璃、车边玻璃、镶嵌玻璃、冰花玻璃、热弯玻璃、镀膜玻璃等各具不同装饰效果的玻璃大量应用于现代家具,尤其是在陈列性、展示性家具及承重不大的餐桌、茶几等家具上,玻璃更是成为主要的家具用材。现代家具日益重视与环境、建筑、家居、灯光的整体装饰效果,特别是家具与灯具的设计日益走向组合,玻璃由于其透明的特性,在家具与灯光照明效果的烘托下起到了虚实相生、交映生辉的装饰作用。玻璃家具如图 4-71 所示。

图 4-70　塑料家具

图 4-71　玻璃家具

6）石材家具

石材是大自然鬼斧神工造化的,具有不同天然色彩、石纹肌理的一种质地坚硬的天然材料,给人高档、厚实、粗犷、自然、耐久的感觉。

天然石材的种类很多,在家具中主要使用花岗石和大理石两大类。由于石材的产地不同,故质地各异,同时在质量、价格上也相距甚远。花岗石中有印度红、中国红、四川红、虎皮黄、菊花青、森林绿、芝麻黑等。大理石中有大花白、大花绿、贵妃红、汉白玉等。

在家具的设计与制造中天然石材多用于桌、台案、几的面板,发挥石材坚硬、耐磨和天然肌理的独特装饰作用。同时,也有不少的室外庭院家具,室内的茶几、花台是全部用石材制作的。

人造大理石、人造花岗石是近年来开始广泛应用于厨房、卫生间台板的一种人造石材。以石粉、石渣为主要骨料,以树脂为胶结成型剂,一次成型,易于切割加工、抛光,其花色接近天然石材,抗污力、耐久性及加工性、成型性优于天然石材,同时便于标准化、部件化批量生产,在整体厨房家具、整体卫浴家具和室外家具中广泛使用。石材家具如图 4-72 所示。

7)软体家具

软体家具在传统工艺上主要以弹簧、填充料为主,在现代工艺上还有泡沫塑料成型以及充气成型的具有柔软舒适性能的家具,主要应用于与人体直接接触的沙发、坐椅、座垫、床垫、床榻等,合乎人体尺度且增加舒适度,是一种应用很广的普及型家具。随着科技的发展、新材料的出现,软体家具在结构、框架、成型工艺等方面都有了很大的发展,软体家具正逐步从传统的固定木框架转向可调节活动的金属结构框架,填充料从原来的天然纤维(如山棕、棉花、麻布)转变为一次成型的发泡橡胶或乳胶海绵,外套面料从原来的固定真皮转变为防水防污可拆换的时尚布艺。软体家具如图4-73所示。

图 4-72　石材家具　　　　　　　　　　　图 4-73　软体家具

(二)从人体工程学的角度来分析家具尺度

1. 椅、沙发、凳子

坐面和靠背的角度:一般坐面前高后低,其与水平面的夹角为 0°～5°,沙发则可以大一些;座椅的靠背要向后倾斜,汽车靠背角度为 111.7°,一般办公和学习用椅靠背角度为 95°～100°。

2. 桌

桌的尺寸中以高度最为重要,确定其高度的基本原则是人要端坐,肩要放松,身体稍向前倾,要有一个最佳的视距。

3. 床

我国一般床的长度为 2 000 mm 左右,高度可以参照椅子的高度或者再低一点,宽度单人床以 850～950 mm 为宜、双人床以 1 350～1 800 mm 为宜。

4. 柜、橱、架

柜、橱、架的高度、宽度尺寸取决于使用要求,以及储放物件的方式。从人体工程学的角度看,必须做到存取方便、稳定、安全。

(三)家具在家居空间中的作用

在早期的建筑中,室内并没有过多的家具,建筑仅仅是为人们提供简单的遮风挡雨的场所。随着社会的发展、家具类型的增多,家具与室内空间的结合越来越紧密,成为人们与室内空间联系的中介,人们通过家具来利用空间,把空间转变成细致而具体的人体活动空间,从而使人类文明向前迈进一大步。发展到现代,家具设计成了室内设计的主体。

1. 确定空间主要使用功能

在空间中人的活动内容可以是多样的,而不同功能的家具及组合可以形成不同的空间功能形式,从而确定该空间的使用功能。例如,书桌、办公椅组合成工作学习空间;沙发、茶几组合成交流空间;床、床头柜组合成睡眠空间;坐便器、洗手盆、淋浴房组合成卫浴空间;整体化厨具构成厨房空间等。

2. 组织利用空间

在现代社会室内空间环境中,框架结构的建筑得到普及,空间中的墙体被解放出来,成为建筑的非必需品,因此通过家具的组织对空间进行划分和用家具代替墙体起到隔断作用被人们广泛应用。这种设计手法在满足使用功能的同时提高了空间灵活性。例如,用隔断或屏风划分玄关和客厅;用博古架或酒柜划分客厅与餐厅;利用大面积的装饰柜或书架划分客厅和书房等。当然由于不是实体墙,用这些家具来划分的空间在保温、隔音方面显得不足。

3. 创造空间氛围

家具是室内空间的主体,家具的造型、色彩等对整个空间的氛围起着决定性的作用。通过家具选择来表现室内空间的风格、情调等一直是设计师常用的手法。例如,家居中选用具有中国特色的传统家具,来体现中式风格。

(四)家具的选用与组织

家具作为人们生活活动的承载者,首先要稳固、舒适;其次,整体的体量、色彩、造型形象等要与室内环境的整体风格相协调;最后,要考虑家具档次、价格与整体设计层次及使用者的身份相协调。

家具布置要遵循空间美的法则,通常有对称、非对称、集中与分散四种方式。(见图 4-74 和图 4-75)

图 4-74　家具布置一

图 4-75　家具布置二

(1)对称式布置,显得庄重、稳定而肃穆,适合于隆重、正规的场合。

(2)非对称式布置,显得活泼、自由、流动而活跃,适合于轻松、非正规的场合。

(3)集中式布置,常适用于功能比较单一、家具种类不多、房间面积较小的场合,组成单一的家具组。

(4)分散式布置,常适用于功能多样、家具品类较多、房间面积较大的场合,组成若干家具组团。

在实现使用功能的同时,合理地组织利用空间是家具组织的基本原则,家具的选用必须遵循这一基本原则。

思 考 题

1. 家居空间中的家具种类有哪些?

2. 家具在家居空间中的作用有哪些?

3. 家具在家居空间中的布置方式有几种?

二、陈设设计

室内环境中只要有人生活、工作,就必然有或多或少的、不同种类的陈设品。空间的功能和价值也常常需要通过陈设品来体现。因此,陈设品不仅是室内环境不可分割的一部分,而且对室内环境的影响很大。陈设品的内容极其丰富,不仅包括绘画、书法、雕塑等陈设品,而且包括植物、灯具、五金配件。

室内陈设一般分为功能性陈设(实用性陈设)和装饰性陈设(观赏性陈设)。功能性陈设与装饰性陈设的区别并不完全是由陈设品本身所决定的,更多的是由空间环境的布置设计来决定的。

(一)功能性陈设

功能性陈设指具有一定实用价值并兼有观赏性的陈设,如家具、灯具、织物、器皿等,它们既是人们日常生活的必需品,具有极强的实用性,又能起到美化空间的作用。

1. 功能性陈设的分类

室内凡是具有实用功能的陈设都属于功能性陈设,大致可分为以下八类。

(1)家具。家具是室内功能性陈设的主体。

(2)灯具。灯具是每个室内空间都必须具备的陈设品。

灯具大致可分为吊灯、吸顶灯、台灯、落地灯和壁灯。

灯具的选择需要考虑的是其实用性、光色、灯具的风格,即灯具的造型、色彩、质感及其与环境的协调一致。

(3)织物。室内织物陈设是伴随着社会的发展和科学文化的进步不断演变而逐渐形成的。它的发展是社会文明的标志之一,是艺术与技术结合的产物。常见室内织物包括地毯、墙布、织物顶棚、窗帘帷幔、各种家具蒙面材料、坐垫靠垫、装饰壁挂等。室内织物陈设如图 4-76 所示。

(4)电器用品。电器用品已成为室内的重要陈设之一,包括电视机、电冰箱、音响、电话、计算机等。它不仅带给人各种信息,而且方便人的生活;不仅有很强的实用功能,而且体现了现代科技的发展,赋予空间时代感。

(5)书籍杂志。居住空间内陈列一些书籍杂志,可使室内增添几分书卷气,也体现出主人的高雅情趣。

(6)生活器皿。生活器皿都属于实用性陈设。

生活器皿有茶具、餐具、咖啡壶、杯、食品盒、花瓶、竹藤编织的盛物篮等。

(7)文化用品。如文具用品、乐器和体育运动器械。

(8)其他。如化妆品、烟灰缸、画笔、食品、时钟等。

2. 功能性陈设的作用

1)具有实用功能

功能性陈设本身都具有较强的实用功能,例如灯具、开关、花瓶等,它们对完善室内空间的功能有着必不可少的作用。

2)组织和引导空间

功能性陈设在美化空间环境的同时,也可以起到一定的引导作用,可以突出重点、引导人流、划分空间。

(二)装饰性陈设

装饰性陈设又称观赏性陈设,是指本身没有实用价值而纯粹用来观赏的装饰品,主要包括艺术品、工艺品、纪念品、收藏爱好品和观赏性动植物等。

装饰性陈设的主要作用是从外部形态上装饰美化空间环境,有些情况下,具有较高欣赏价值的配饰也可以成为室内空间的设计主体。

1. 柔化空间

一般情况下,一个房间中如果没有设置陈设品,特别是装饰性陈设品,整个空间就会显得没有生机,比较生硬,特别是在空间的拐角处等。而通过适当的添加植物、雕塑等陈设品就可以很好地改变这种状况。植物在室内空间中的应用如图 4-77 和图 4-78 所示。

图 4-76　室内织物陈设　　　　　图 4-77　植物在室内空间中的应用一

2. 美化环境

陈设品用来美化环境并不是工艺品、植物、雕塑等的简单排列堆砌。在选择陈设品时,应从使用者的爱好和生活习惯入手,使其造型、色彩和艺术风格紧密结合空间环境的设计内涵和外部形态特征。软装饰在室内空间中的应用如图 4-79 所示。

(三)陈设品形式的选择

1. 陈设品色彩的选择

陈设品色彩的选择应首先对室内环境色彩进行总体控制与把握,即室内空间的色彩一般应统一、协调。

但过分统一又会使空间显得呆板、单调,宜在充分考虑总体环境色彩协调统一的基础上适当点缀,真正起到锦上添花的作用。(见图 4-80)

图 4-78　植物在室内空间中的应用二　　　图 4-79　软装饰在室内空间中的应用　　　图 4-80　陈设品色彩的选择

2. 陈设品造型、图案的选择

陈设品造型上采用适度的对比是一条可行的途径。陈设品的形态千变万化,带给室内空间丰富的视觉效果。如在以直线构成的空间中陈列曲线形态的陈设品或带曲线图案的陈设品,会因形态的对比产生生动的气氛,也使空间显得柔和舒适。(见图 4-81)

3. 陈设品质感的选择

对陈设品质感的选择,也应从室内整体环境出发,不可杂乱无序。在原则上,同一空间宜选用质地相同或类似的陈设品,以取得统一的效果,尤其是大面积陈设品。但在陈设上可使部分陈设品与背景质地形成对比的效果,使其能在统一之中显出材料的本色。需重点突出的陈设品可利用其质感的变化来达到丰富的效果。(见图 4-82)

图 4-81　陈设品造型与图案的选择　　　　　　　　图 4-82　陈设品质感的选择

（四）陈设品的布置原则

（1）陈设品的选择与布置要与整体环境协调一致。选择陈设品要从材质、色彩、造型等多方面考虑，与室内空间的形式、家具的样式相统一，为营造室内主题氛围而服务。

（2）陈设品的大小要与室内空间尺度及家具尺度形成良好的比例关系。陈设品的大小应以空间尺度与家具尺度为依据而确定，不宜过大，也不宜太小，最终达到视觉上的均衡。

（3）陈设品的陈列布置要主次得当，增加室内空间的层次感。在陈列、摆放的过程中要注意在诸多陈设品中分出主要陈设及次要陈设，使主要陈设品在空间中形成视觉中心，而其他陈设品处于辅助地位，这样不易造成杂乱无章的空间效果，加强空间的层次感。

（4）陈设品的陈列摆放要注重效果，要符合人们的欣赏习惯。陈设品的选择与布置不仅能体现一个人的职业特征、性格爱好及修养品位，而且是人们表现自我的手段之一。例如猎人的小屋陈设兽皮、弓箭、锦鸡标本等，显示出主人的职业及其勇敢的性格。

室内陈设设计如图4-83至图4-86所示。

图 4-83　室内陈设设计一

图 4-84　室内陈设设计二

图 4-85　室内陈设设计三

图 4-86　室内陈设设计四

思 考 题

○　　○　　○　　○　　○

1. 家居空间中的陈设品有哪些？可概括为哪几类？

2. 如何选择家居空间的陈设品？

3. 家居空间陈设品的布置原则有哪些？

Jiaju Kongjian Sheji

第五章
不同功能类型的内部空间设计

第一节
玄　关

玄关在家居空间中是一个缓冲过渡的地段,专指住宅室内与室外之间的一个过渡空间,也就是进入室内换鞋、更衣或从室内去室外的缓冲空间,也有人把它称为斗室、过厅、门厅。进门第一眼看到的就是玄关,这是客人从繁杂的外界进入一个家庭的最初感觉。可以说,玄关设计是家居设计的一个缩影。玄关设计如图 5-1 所示。

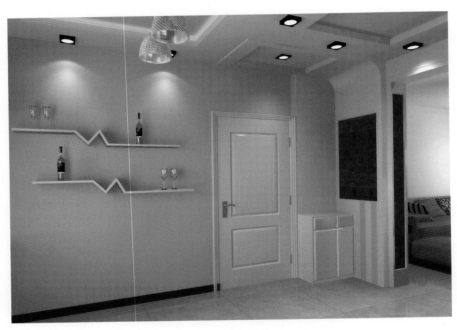

图 5-1　玄关设计一

一、设计目的

(1)保持主人的私密性,避免客人一进门就对整个居室一览无余,在进门处用木质材料或玻璃做隔断,划出一块区域,在视觉上遮挡一下。

(2)起装饰作用。进门第一眼看到的就是玄关,这是客人从繁杂的外界进入这个家庭的最初感觉。可以说,玄关设计是设计师整体设计思想的浓缩,它在房间装饰中起到画龙点睛的作用。

(3)方便客人脱衣换鞋挂帽。最好把鞋柜、衣帽架、大衣镜等设置在玄关内,鞋柜可做成隐蔽式,衣帽架和大衣镜的造型应美观大方,和整个玄关风格协调。玄关的装饰应与整套住宅装饰风格协调,起到承上启下的作用。

玄关的设计依据房型而定,可以是圆弧形的,也可以是直角形的,有的房型还可以设计成玄关走廊。

二、设计特点

（1）间隔和私密性：之所以要在进门处设置"玄关对景"，最大的作用就是遮挡人们的视线。这种遮挡并不是完全的遮蔽，而要有一定的通透性。

（2）实用和保洁：玄关同室内其他空间一样，也有其使用功能，就是供人们进出家门时，在这里更衣、换鞋，以及整理装束。

（3）风格与情调：玄关的装修设计，不仅是整个居室设计的风格和情调的浓缩，而且是整个居室设计的风格和情调的一个引子。

（4）装修和家具：玄关墙壁和客厅统一，顶部可做一个小型的吊顶。地面的装修，应采用耐磨、易清洗的材料。玄关中的家具包括鞋柜、衣帽柜、镜子、小坐凳等，讲求精致与新颖，要与整体风格相匹配。

（5）采光和照明：玄关的照明设计相当重要，好的照明设计可以把阴暗的玄关变成一个受人欢迎的区域。

三、设计形式

1. 低柜隔断式

低柜隔断式即以低型矮台来限定空间，以低柜式成型家具做隔断体，既可储放物品，又起到划分空间的作用。（见图 5-2）

图 5-2　玄关设计二

2. 玻璃通透式

玻璃通透式是以大屏玻璃做装饰遮隔，或在夹板贴面旁嵌饰喷砂玻璃、压花玻璃等通透的材料，既可以分隔大空间，又能保持整体空间的完整性。（见图 5-3）

3. 格栅围屏式

格栅围屏式主要是以带有不同花格图案的透空格栅做隔断，既有古朴雅致的风韵，又能产生通透与隐隔的互补作用。（见图 5-4）

图 5-3　玄关设计三　　　　　　　　　　　图 5-4　玄关设计四

4. 半敞半蔽式

半敞半蔽式的隔断下部完全遮蔽,隔断两侧隐蔽无法通透,上端敞开,贯通彼此相连的天花顶棚。半敞半蔽式的隔断高度大多为 1.5 m,通过线条的凹凸变化、墙面挂置壁饰或采用浮雕等装饰物的布置,达到浓厚的艺术效果。(见图 5-5)

5. 柜架式

柜架式就是半柜半架式,上部以通透格架做装饰,下部为柜体;或以左右对称形式设置柜体,中部通透;或用不规则手段,虚、实、散互相融合,以镜面和贯通等多种艺术形式进行综合设计,以达到美观与实用并举的目的。(见图 5-6)

图 5-5　玄关设计五　　　　　　　　　　　图 5-6　玄关设计六

四、玄关作用

1. 视觉屏障作用

玄关对户外的视线产生了一定的视觉屏障,不至于开门见厅,让人们一进门就对客厅的情形一览无余。它注重人们户内行为的私密性及隐蔽性,保证了厅内的安全性和距离感,在客人来访和家人出入时,能够很好地解决干扰和心理安全问题,使人们出门入户过程更加有序。

2. 较强的使用功能

玄关可以作为简单地接待客人、接收邮件、换衣、换鞋、搁包的场所,也可设置放包及钥匙等小物品的平台。

3. 保温作用

玄关在北方地区可形成一个温差保护区,避免冬天寒风通过缝隙直接入室。

玄关在室内还可起到非常好的美化装饰作用。

五、设计方法

玄关的变化离不开展示性、实用性、引导过渡性这三大特点,归纳起来主要有以下几种常规设计方法。

（1）低柜隔断式是以低型矮台来限定空间,既可储放物品杂件,又起到划分空间的作用。

（2）玻璃通透式是以大屏玻璃做装饰遮隔,既分隔大空间又保持大空间的完整性。

（3）格栅围屏式主要是以带有不同花格图案的透空格栅做隔断,能产生通透与隐隔的互补作用。

（4）半敞半蔽式是隔断下部完全遮蔽的设计。

（5）顶、地灯呼应,中规中矩,这种方法大多用于比较规整方正的玄关。（见图5-7）

（6）实用为先、装饰点缀,整个玄关设计以实用为主。

（7）随形就势、引导过渡,玄关设计往往需要因地制宜、随形就势。（见图5-8）

（8）巧用屏风分隔区域,玄关设计有时也需借助屏风以划分区域。

（9）内外玄关华丽大方,对于空间较大的居室玄关大可处理得豪华、大方。

（10）通透玄关扩展空间,空间不大的玄关往往采用通透设计以减少空间的压抑感。

图5-7　玄关设计七

图5-8　玄关设计八

思　考　题

1. 玄关的设计特点有哪些?

2. 玄关的作用有哪些?

第二节
客　厅

客厅在家庭生活中扮演着重要角色,是家庭的活动中心,同时也是家庭对外展示的窗口,是展现居室风格的主要载体,作为整间屋子的中心,客厅值得人们更多关注。因此,客厅往往被主人列为重中之重,精心设计、精选材料,以充分体现主人的品位和意境。客厅设计如图5-9所示。

图 5-9　客厅设计一

一、功能分析

客厅是家庭生活的活动中心,担负着接待宾朋,家庭成员学习、工作、娱乐及用餐等多种任务,是居室中使用频率最高的空间。其功能综合多样,主要是会客、视听、休息、阅读等。

二、平面布置

客厅的功能要求繁多,可以通过相互交错使用的方法加以解决。客厅平面布局的主体是沙发,其布置形式基本决定了客厅的整体格局。常采用的形式有 L 形布置(见图5-10)、C 形布置(见图5-11)、"一"字形布置(见图5-12)、对角布置(见图5-13)、对称式布置(见图5-14)、地台式布置(见图5-15)等。

图 5-10　L 形布置

图 5-11　C 形布置

图 5-12　"一"字形布置

图 5-13　对角布置

图 5-14　对称式布置

图 5-15　地台式布置

三、分隔手法

客厅常设置一个或多个中心区域,它们之间既有区别又有联系。进行空间分隔时可以采用以下形式:利用吊顶进行区域划分;利用墙壁的不同材质及色彩变化进行区域划分;利用墙面造型进行区域划分;利用家具组合进行区域划分;利用灯光照明进行区域划分。(见图5-16)

四、界面设计

由于受到层高的影响,客厅顶面一般不适宜采用大面积吊顶,形式应以简洁为主。墙面是客厅装饰的重点部位,易形成视觉中心。客厅墙面的装饰应与居室设计风格和客户的兴趣爱好相结合,才能更好地体现家庭的个性风格,保持室内氛围的统一协调。(见图5-17)

图 5-16　客厅设计二　　　　　　　　图 5-17　客厅设计三

五、色彩设计

客厅的色彩可根据客户的喜好而定,同时也要兼顾居室空间的设计风格及采光照明等因素。如朝南的居室有充足的日照,可采用偏冷的色调,而朝北的居室则可以用偏暖的色调。客厅色彩主要是通过顶面、墙面、地面三大面来体现,利用家具和陈设品等进行调剂补充。(见图5-18)

六、灯光设计

在居室空间中,客厅是公共区域,要求灯光照明丰富、有层次、有意境,能营造出一种温馨、亲切的氛围。进行灯光设计时,要本着功能性及协调环境两大原则进行配置,切忌造成反差太大、使人眼花缭乱的视觉环境。(见图5-19)

图 5-18　客厅设计四

图 5-19　客厅设计五

七、设计原则

客厅设计是家居空间设计的重中之重。客厅设计的原则是：既要实用，又要美观。相比之下，美观更重要。具体的原则有以下几点。

1. 风格要明确

客厅是家庭住宅的核心区域，现代住宅中，客厅的面积最大，空间也是开放性的，地位也最高，它的风格基调往往是家居空间格调的主脉，把握着整个居室的风格。因此确定好客厅的设计风格十分重要。可以根据业主喜好选择传统风格、混搭风格、现代风格、中式风格或西式风格等。客厅的风格可以通过多种手法来实现，包括吊顶设计及灯光设计，还有就是后期的配饰，其中色彩的不同运用更适合表现客厅的不同风格，突出空间感。

2. 个性要鲜明

如果说厨卫设计是主人生活质量的反映，那么客厅设计则是主人的审美品位和生活情趣的反映，讲究的是个性。厨卫设计可以通过装成品的整体厨房、整体浴室来提高生活质量和装修档次，但客厅必须有独到的东西。不同的客厅设计中，每一个细小的差别往往都能折射出主人不同的人生观及修养品位，因此设计客厅时要用心，要有匠心。个性可以通过装修材料、设计手段的选择及家具的摆放来表现，但更多的是通过配饰等软装饰来表现，如工艺品、字画、坐垫、布艺、小饰品等，这些更能展示出主人的修养。

3. 分区要合理

客厅要实用，就必须根据需要进行合理的功能分区。如果家人看电视的时间非常多，那么就可以视听柜为客厅中心，来确定沙发的位置和走向；如果不常看电视，客人又多，则可以会客区作为客厅的中心。客厅区域划分可以采用硬性划分和软性划分两种办法。软性划分是用暗示法塑造空间，利用不同装修材料、装饰手法、特色家具、灯光造型等来划分。如通过吊顶从上部空间将会客区与就餐区划分开来，地面上也可以通过局部铺地毯等手段把不同的区域划分开来。家具的陈设方式可以分为两类——规则（对称）式和自

由式。小空间的家具布置宜以集中为主,大空间则以分散为主。硬性划分是把空间分成相对封闭的几个区域来实现不同的功能,主要是通过隔断、家具的设置,从大空间中独立出一些小空间。

4. 重点要突出

客厅有顶面、地面及四面墙壁,因为视角的关系,墙面理所当然地成为重点。但四面墙也不能平均用力,应确立一面主题墙。主题墙是指客厅中最引人注目的一面墙,一般是放置电视、音响的那面墙。在主题墙上,可以运用各种装饰材料做一些造型,以突出整个客厅的装饰风格。目前使用较多的有各种毛坯石板、木材等。主题墙是客厅装修的"点睛之笔",有了这个重点,其他三面墙就可以简单一些,如果都做成主题墙,就会给人杂乱无章的感觉。顶面与地面是两个水平面,顶面在人的上方,顶面处理对整个空间起决定性作用,对空间的影响要比地面显著。地面通常是最先引人注意的部分,其色彩、质地和图案能直接影响室内观感。

思 考 题

1. 客厅的平面布局原则是什么?
2. 客厅的地面材质怎样选择?
3. 客厅的设计原则有哪些?

第三节
卧　　室

卧室又称作卧房、睡房,分为主卧和次卧。卧室属于私密性很强的空间领域,设计时应在隐秘、恬静、舒适、健康的基础上,追求温馨的氛围和优美的格调。主卧室首先要满足休息睡眠的基本功能,其次兼顾梳妆、储存功能,应具有私密性,给人舒适、安全之感。卧室设计如图 5-20 所示。

图 5-20　卧室设计一

一、功能分析

卧室在满足休息睡眠功能的同时兼容其他功能。卧室空间以床、床头柜为主形成睡眠区；以梳妆台为主形成梳妆区；以衣橱为主形成储存区；以休息椅、电视机柜为主形成休闲区；以主卧室专用卫生间形成卫生区。

二、界面设计

主卧的界面设计强调简洁。顶面处理宜简洁，采用淡雅的涂料；墙面宜选择墙布、墙纸、涂料，局部采用木饰或软包装；地面一般以木地板或地毯为主，并常在床尾配置局部的羊毛地毯，以丰富地面材料的质感和色彩变化。（见图5-21和图5-22）

图 5-21　卧室设计二

图 5-22　卧室设计三

三、色彩设计

卧室不宜采用过于兴奋刺激的色彩，宜选用安静、舒适、悦目的浅粉色调。（见图5-23）

图 5-23　卧室设计四

四、灯光设计

卧室的灯光照明,宜采用光线柔和的暖色调光源,安装光源调光器,分开关控制灯具,根据需要确定开灯的范围。卧室照明多采用吸顶灯、嵌入式灯。局部照明分别设置床头阅读照明和梳妆照明,满足局部照明所需的照度。(见图 5-24)

图 5-24 卧室设计五

五、设计原则

卧室是人们休息的主要处所,卧室布置的好坏,直接影响人们的生活、工作和学习,所以卧室也是家居空间设计的重点之一。卧室设计时要注重实用,其次才是装饰。具体应把握以下原则。

1. 要保证私密性

私密性是卧室最重要的属性,它不仅是供人休息的场所,而且是家中最温馨与浪漫的空间。卧室要安静,隔音要好,可采用吸音性好的装饰材料;门上最好采用不透明的材料完全封闭。有的设计为了采光好,把卧室的门安上透明玻璃或毛玻璃,这是极不可取的。

2. 使用要方便

卧室里一般要放置大量的衣物和被褥,因此设计时一定要考虑储物空间,不仅要大,而且要使用方便。床头两侧最好有床头柜,用来放置台灯、闹钟等可以随手触及的东西。有的卧室功能较多,还应考虑梳妆台与书桌的位置安排。(见图 5-25 和图 5-26)

3. 风格应简洁

卧室的功能主要是睡眠休息,属私人空间,不向客人开放,所以卧室设计不必有过多的造型,通常也不需吊顶,墙壁的处理越简洁越好,通常刷乳胶漆即可,床头上方的墙壁可适当做点造型和点缀。卧室的壁饰不宜过多,还应与墙壁材料和家具搭配得当。卧室的风格与情调不是由墙、地、顶等硬装修来决定的,而主要是由窗帘、床罩、衣橱等软装饰决定的,它们面积很大,它们的图案、色彩往往主宰了卧室的格调,成为卧室的主旋律。(见图5-27)

图 5-25　卧室设计六

图 5-26　卧室设计七

4. 色调、图案应和谐

卧室的色调由两大方面构成,装修时墙面、地面、顶面本身都有各自的颜色,面积很大;后期配饰中窗帘、床罩等也有各自的色彩,并且面积也很大。这两者的色调搭配要和谐,要确定出一个主色调。比如墙上贴了色彩鲜丽的壁纸,那么窗帘的颜色就要淡雅一些,否则房间的颜色就太浓了,会显得过于拥挤;若墙壁是白色的,窗帘等的颜色就可以浓一些。窗帘和床罩等布艺饰物的色彩和图案最好能统一起来,以免房间的色彩、图案过于繁杂,给人凌乱的感觉。另外,面积较小的卧室,装饰材料应选偏暖色调、浅淡的小花图案。老年人的卧室宜选用偏蓝、偏绿的冷色系,图案花纹应细巧雅致;儿童房的颜色宜新奇、鲜艳一些,花纹图案也应活泼一点;年轻人的卧室则应选择新颖别致,富有欢快、轻松感的图案,如房间偏暗、光线不足,最好选用浅暖色调。(见图5-28)

图 5-27　卧室设计八

图 5-28　卧室设计九

5. 灯光照明要讲究

尽量不要使用装饰性太强的悬顶式吊灯,它不但会使房间产生许多阴暗的角落,而且会在头顶形成过多的光线,躺在床上向上看时会刺眼。最好采用向上打光的灯,既可以使房顶显得高远,又可以使光线柔和,不直射眼睛。除主要灯具外,还应设台灯或壁灯,以备起夜或睡前看书用。另外,角落里设计几盏射灯,以便用不同颜色的灯泡来调节房间的色调,如黄色的灯光就会给卧室增添不少浪漫的情调。

思 考 题

1. 卧室的功能有哪些?

2. 卧室立面的材料选择有哪些?

3. 卧室的照明设计有什么特点?

第四节
书　房

书房是阅读、书写和密谈的空间,对环境的要求是安静且具有良好的采光。以"静""雅""赏"作为书房设计的核心,应以简洁雅致为主调,突出个人的风格,并充分体现主人的个性和品位。书房设计如图 5-29 所示。

图 5-29　书房设计一

根据空间条件,书房可采用开放式、封闭式或兼容式。封闭式书房指的是专用书房,具有独立清静的空间环境;开放式书房有一到两个无围合的侧界面,空间开敞明快;兼容式书房是与其他功能相融兼顾使用的书房空间。

一、功能分析

书房布置以符合使用者的职业、学习生活习惯和相关爱好等为前提。书房一般划分出工作区域、阅读藏书区域,还应兼顾设置休闲和会客的空间。

二、界面设计

从书房功能的特殊性考虑,地面材料应选择木地板、地毯等软质材料;墙面主要采用书柜与展示功能相结合的处理方法;顶面处理应简洁,不宜采用过于复杂的吊顶,以便于使用时集中精力、提高工作效率。(见图5-30)

三、灯光设计

书房的灯光要求光线柔和、明亮,利于学习和工作。一般书房照明采用整体照明和局部照明相结合的方式,工作面以台灯局部照明为主。(见图5-31)

图 5-30 书房设计二

图 5-31 书房设计三

四、色彩设计

书房的色彩选择及配置应避免强烈对比,一般多选择相对沉稳的色彩无彩色、冷色系的类似色或同一色调,这有助于人的心境平稳。家具和陈设应与四壁的颜色使用同一个色调,为打破单调的感觉,可以局部点缀一些明度对比强但属同一色系的色彩,以丰富书房的色彩环境。(见图5-32)

图 5-32　书房设计四

思 考 题

1.书房的功能布局应考虑哪些因素？

2.书房地面宜使用何种材料？

第五节

餐　　厅

餐厅是用餐和宴请客人的地方,在某种程度上反映了家庭的生活质量。餐厅设计应该最大限度地利用空间,合理布局,应营造一种轻松宜人的用餐环境。根据居室空间关系的不同,餐厅可以分为独立餐厅、客厅兼餐厅、厨房兼餐厅三种形式。餐厅设计如图 5-33 所示。

一、功能分析

餐厅的主要功能是提供用餐的场所,最重要的是使用起来要方便。餐厅无论在何处,都要靠近厨房,这样便于上菜。同时在餐厅里,除了必备的餐桌和餐椅之外,还可以配上餐饮柜,放一些平时需要用的餐具、饮料酒水和一些对就餐有辅助作用的东西,这样使用起来更加方便,同时餐饮柜也是充实餐厅的一个很好的装饰品。餐厅家具主要有餐桌、餐椅和用来存放餐具、酒杯等辅助用品的餐饮柜,此外,还可设置临时存放食品用具(如炊具、碗碟、饮品)的空间设施。

图 5-33　餐厅设计一

二、平面布置

　　餐厅的空间一定要是相对独立的一个部分,如果条件允许的话,最好是能单独地开辟出一间餐厅来。有些户型较小,无法设置一间独立的餐厅,出于便捷考虑,可以将餐厅与客厅连接,也可以将它与厨房连接起来。如果将餐厅与客厅或厨房连接,我们可以用一些软装饰来进行空间划分,这样既可以让空间显得大,又可以有一个相对独立的餐厅。餐厅平面布置形式在很大程度上依赖于原有的建筑室内空间,餐厅内的餐桌、餐椅和餐饮柜等,在进行布置时要留出足够的安放及使用空间,并留出足够的活动空间。

　　餐厅平面布置如图 5-34 所示。

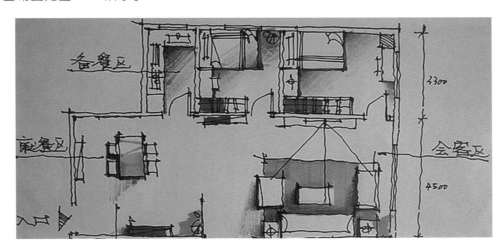

图 5-34　餐厅平面布置

三、界面设计

餐厅顶面设计较为丰富,无论顶面造型的形式是否对称,其造型的中心都要对应餐桌的位置,以形成无形的中心,增强环境的凝聚力,从而给人以亲切感。我们可以通过吊顶,通过地板铺设不同颜色、不同材质或不同高度的材料来进行有效的空间划分,这样能够在视觉上让餐厅显得独立,同时又能使整个空间有效地融合在一起。除此之外,也可以利用不同的色彩、不同的灯光或者一些透明的隔断分离出就餐区,只要想得到的,都可以进行尝试。独立而又整合,是餐厅的设计要点。(见图5-35)

图 5-35　餐厅设计二

四、色彩设计

餐厅环境的色彩配置对人们的就餐心理影响很大。餐厅环境色彩宜以明朗轻快的色调为主,最适合采用橙色及相同色系的色彩,以烘托出热烈的氛围,促进就餐者的食欲,调整就餐者就餐时的情绪。除了墙面的颜色外,对餐厅之中的窗帘、家具、桌布的色彩也要进行合理的搭配。灯光也是调节餐厅色彩的一种非常好的手段。另外,在餐厅中,为了增加食欲,还可以配置一些装饰画和植物等,这些都可以起到调节胃口的作用。(见图5-36)

五、灯光设计

在就餐区,光线一定要充足。灯光设计一般以餐桌为中心,在相应的顶棚处设置吊灯作为主光源,同时可设置筒灯、灯带及壁灯等装饰照明。一般采用暖色光源,有利于形成温馨愉快的气氛。(见图5-37)

图 5-36　餐厅设计三

图 5-37　餐厅设计四

思 考 题

1. 餐厅可分为几种形式?
2. 如何进行餐厅墙面材质的选择?
3. 餐厅的色彩设计有哪些特点?

第六节
厨　房

现在人们逐渐意识到厨房设计的质量与生活的质量密切相关,厨房的使用功能和装饰效果越来越受到人们的重视。同时,先进的厨房设备改变了厨房的空间氛围,促使厨房从封闭式逐渐转向开敞式。厨房设计如图 5-38 所示。

一、功能分析

厨房是居室空间中功能较复杂的空间,不但要满足服务功能,而且要兼顾装饰功能和兼容功能。其中服务功能是厨房的主要功能,如备餐、洗涤、烹饪、存储等服务功能;装饰功能是指设计效果对整个设计风格的补充完善作用;兼容功能主要包括交际功能等。

图 5-38　厨房设计一

二、动线设计

厨房中的活动内容繁多，如储存、洗涤、备膳、烹饪、盛食物等。动线设计是按照烹饪工作操作流程安排的，因此在设计时应沿着三个主要设备（即冰箱、洗涤池和炉灶）构成三角形合理空间布局。

三、平面布局

1."一"字形厨房

"一"字形厨房（见图 5-39）中冰箱、洗涤池、烹饪台等厨房设备排成一条直线，多用于长形厨房或空间狭长的厨房。其特点是整齐划一，但行动路线重复交叉太多。此设计类型适合面积不大、走廊不够宽的空间。

2."二"字形厨房

"二"字形厨房设计按两条直线排列，烹饪在两条直线间进行，交通路线方便，能容纳较多的厨房设备。"二"字形厨房如图 5-40 所示。

3. L 形厨房

L 形厨房（见图 5-41）又称三角形厨房，是厨房中最节省空间的设计，适合的空间比较灵活，面积大小均可。

图 5-39　"一"字形厨房

图 5-40　"二"字形厨房

图 5-41　L 形厨房

4. U 形厨房

　　U 形厨房(见图 5-42)的设备由三面围合而成,工作线可与其他交通线完全分开,不受干扰。最好将水槽置于 U 形的底部,将配餐区和烹饪区分设在两翼,使工作路线成正三角形。U 形两边的间距应在 1.2 m 至 1.5 m 之间。适合面积较大的厨房空间。

5. 岛式厨房

　　岛式厨房设计在西方国家非常普遍,即在厨房中间设置一个独立的料理台或工作台,家人和朋友可在料理台上共同准备餐点、闲话家常。适合面积在 15 m² 以上的空间。岛式厨房如图 5-43 所示。

图 5-42　U 形厨房

图 5-43　岛式厨房

四、界面设计

厨房顶面要求用耐热、自重轻、耐腐、易清洁、无毒的材料,常选用 PVC 板材、铝合金板、有机玻璃等装饰材料吊顶,也可将陶瓷墙面一直延伸至天花板。

五、家具设计

厨房家具设计中储存功能占主要的地位。厨房家具设计应从以下几点进行考虑:橱柜要与厨房使用家电相结合,达到方便、顺手的目的;厨房家具造型风格应与其他空间风格协调一致;选材上注意材料的环保性能,以及防烫、防酸、耐刮等性能;注重符合人体工程学的要求。

六、色彩设计

厨房空间相对比较狭小,家电、加工器具、器皿等品种繁多,因此在色彩的选择配置上应以简洁明快、淡雅清爽的色彩为主,从而避免色彩过于杂乱而使厨房空间显得更加狭小。(见图 5-44)

七、灯光设计

厨房设计应充分利用自然光线,并结合人工照明,创造简洁明亮的厨房空间。厨房照明设计在正确地选择照明方式的同时,还应把握好厨房的照度。一般厨房的整体照度是 $50\sim100$ lx,局部照明所需的照度是 $200\sim500$ lx,这样可有效减轻视觉疲劳。(见图 5-45)

图 5-44　厨房设计二

图 5-45　厨房设计三

八、通风换气

厨房应采用自然通风为主、机械通风为辅的通风方式。在灶台上部设置抽油烟机和排气罩等通风设备,将油烟和湿热气体在扩散前加以排出,改善环境,减轻有害气体对厨房使用者的侵害。

思 考 题

1.厨房的布局有几种形式？

2.厨房的动线应怎样设计？

3.厨房界面材料的选用有何特点？

第七节
卫 生 间

随着现代化卫浴设备日新月异的发展,其已不再只具有单纯的如厕功能,而是具有如厕、盥洗、桑拿等多种功能的集合空间。卫生间设计如图 5-46 所示。

图 5-46　卫生间设计一

一、功能分析

卫生间可以分为如厕区、洗脸区和洗衣区、洗浴区,同时还要注意干湿分区,不同的区域应满足人们的不同需要,设计师要了解人们的活动及该活动所需要的相应设施。

二、平面布局

现代的居室只要面积许可,一般设置两个卫生间,一个是公共卫生间,供家庭成员及客人使用;另一个与主卧连接,供主人单独使用。

卫生间的平面布局与住宅条件、生活习惯和家庭人员构成等多种因素有关。概括起来,卫生间可以分为独立式、兼用式、折中式等布局形式。独立式卫生间中浴室、厕所等各自有独立的空间;兼用式卫生间中浴缸、洗脸池、便器等集中在一个空间;折中式卫生间将洗脸间相对独立地划分出来,但部分洁具合并于一个空间。

三、界面设计

卫生间界面处理要求简洁,包括地面的拼花、墙面的划分、材质的对比、洗手台的台面等。界面的材料要选择耐水、防污、安全性能好的装饰材料。常用的地面材料为地砖、天然石材、人造石材、马赛克等;墙面材料为艺术砖、墙砖、天然石材、人造石材;顶面材料为乳胶漆、PVC 板、玻璃等。(见图 5-47 和图 5-48)

图 5-47　卫生间设计二

图 5-48　卫生间设计三

四、色彩设计

我国的卫生间空间相对狭小,在对卫生间进行色彩设计时应以单纯、明快、洁净为设计原则。墙面、地面、设备及家具的颜色要协调,局部可以运用一些小面积的色彩对比。如卫生间的墙面及顶棚选用明度较高的色彩时,地面应采用低明度或中性灰色调,这样能使狭小的卫生间给人以安稳的感觉。(见图 5-49)

五、照明设计

卫生间照明要求柔和温馨,以暖色光源为主,这样显得人的肤色健康。灯具的布局以整体照明为主、局部照明为辅,如梳妆镜子上方或两侧安装防潮灯。(见图 5-50)

图 5-49　卫生间设计四

图 5-50　卫生间设计五

六、空间调节

　　我国卫生间的面积相对较小,容纳的功能和设备相对较多,设计师可采用色彩、光影、错觉、饰物及空间限定等来调节空间,拓宽对卫生间空间面积的感受,提高使用的舒适度。(见图 5-51)

图 5-51 卫生间设计六

思 考 题

1. 小面积卫生间色彩应怎样设计?

2. 卫生间界面处理有哪些原则?

Jiaju Kongjian Sheji

第六章
家居空间设计流程

一、设计准备

设计师与客户沟通,掌握相关家装资料及客户的要求,包括家庭成员数量、年龄、性别、个人爱好、生活习惯及家庭主妇的身高、所喜好的颜色等。还有准备选择的家具样式、大小,准备添置设备的品牌、型号、规格和颜色,拟留用原有家具的尺寸、材料、款式、颜色。另外,根据生活习惯及喜好需求,拟定插座、开关、电视机、音响、电话等摆放的位置。

主要内容如下。

(1)客户情况表。

(2)功能目标。

(3)设备需求。

(4)空间需求。

(5)方位及朝向。

(6)建筑结构状况。

(7)成本估算。

(8)空间与概念分析。

1. 与客户洽谈,了解客户信息

住宅是为客户设计的,客户是最基本的分析要素,也是评判设计的最终评委,通过客户调查,尽可能地了解客户信息,满足客户所想。要详细了解客户的年龄、性别、身材、性格特点,色彩、风格、样式爱好,生活方式、文化层次、职务行业、背景身份、生活经历、时尚程度等,还需要调查客户的家庭成员人数及组成、家庭成员的相关情况。

2. 功能目标

同一家庭不同成员对家庭室内设计的需求不同,作为设计师,要了解每个家庭成员的爱好及特点并综合考虑来确定设计的功能目标。

3. 设计需求

设计需求包括供水、强弱电、供气、照明采光、设备要求及温度调节、安全保卫系统,特别是容易忽视却关系重大的电力系统、供水排污、安全保卫系统,是设计师需要重视的。

4. 空间需求

根据客户情况表的内容,详细分析客户及家庭成员的生活需求,并将生活需求与开展生活活动的场所,即空间需求对应起来,并制订关系表。例如:客厅可以有聚会、娱乐、聊天等功能,卫生间可有洗浴、如厕、化妆等功能,书房有看书、会客等功能。

5. 方位和朝向

朝向是指根据日照、地形、风向和视野为各个房间选择最佳的方位。主卧室和客厅尽可能朝南,这样符合人的生理和心理需求。家庭住宅的位置也是设计需要考虑的因素,因为这可以直接影响居住者的心情,例如面对大海与面对工厂烟囱是截然不同的心情。

6. 建筑结构状况

建筑结构往往会限制设计的自由度,如窗户位置、承重墙、剪力墙等,这些都是不可改动的部分,有时候一条梁会让设计师头痛万分,这还关系到建筑的安全问题,是无法改动的。例如柱子在房屋中间虽然可以弱化,但始终是不舒服的。充分了解和利用建筑结构,是设计的基础。

7. 成本估算

成本对家庭的空间设计至关重要,所以一个"不计成本"的设计并不是好的设计。设计师应控制符合要求的造价,在合理的基础上追求材料的档次。有时候低档次的材料能表现出高档次的效果。

二、现场勘察

设计师要到客户家中测量尺寸,把对现场的感觉和客户的装修需要进行归纳、整合,以便在设计时准确把握。

勘察与测量是收集实际信息的工序中一个很重要的环节,可分为两部分。

(1)对相关的空间进行测量,以此作为规划和随后的布局的基础。

①对现场进行全方位的、系统的测量,并将详细的尺寸记录在区域平面草图上。有必要在平面图中为标注尺寸留出足够空间。

②要标明现有设施如污水管、煤气罐、暖气片、电视机、电源插座和开关的位置。

③记录重要细节,如踢脚板、护墙板、上楣柱的纵深和高度。

④标明窗台、门的位置、高度,以及窗台、窗框侧壁的纵深和宽度。

⑤房间的朝向也应予以注明。

(2)将所有必要信息进行核对,在制订解决方案之前,应写一份设计分析书,记录所有有关客户和项目的细节情况。这将形成创意和设计概念的基础。

三、方案设计

根据所掌握的资料,在进行系统的设计分析后做出定位,完成方案设计阶段的设计图纸要求。

四、施工图设计

根据方案设计图纸完成相应的施工图。

五、设计实施

要求各施工项目在现场制作,尺寸、式样按图纸设计放样,技术要求及施工制作要求应严格按规定执行,工艺流程中指定的验收工序必须经客户验收签字。

设计公司工程部负责人、项目经理、工班组长会同客户现场开工,工班组长须将施工许可证、公司施工牌及公司其他规章文件张贴、悬挂在指定醒目处。客户向工程监理交施工工地钥匙。

六、深化设计与设计回访

设计师通过方案深化设计和设计跟踪,对此阶段所需要的文件和施工现场有一个较为深刻的认识,加强设计的可行性研究,进一步树立不但注重设计、更注重实现设计的观念。

思 考 题

1.家居空间设计信息采集包括哪些内容?

2.建筑结构状况对家装设计的影响有哪些?

3.怎样进行空间概念分析?

Jiaju Kongjian Sheji

第七章
家居空间设计实践

第一节

第一节
家居空间设计表现图

一、基本概述

室内设计师的设计构思、表现是一个从无到有的过程。这一过程需要一种表现语言,设计师的表现语言就是图形。图形表现最重要的功能是将设计者的思维具体化,给意念以形象。人的情感思维表现和与他人交流通常是通过语言表达来完成的。设计师的灵感、想法如能得到实现,则要靠其设计的图形。设计师是图形语言的使用者,在使用的过程中最能体现设计者的修养和表现能力。设计师在工作中所表现出来的能力取决于持续的设计构思锻炼,这也就是从无到有的过程,也就是设计师用图形语言表现美的过程。

家居空间设计表现图如图7-1所示。

图7-1　家居空间设计表现图一

图形是构思与现实的桥梁,它把构思和想象变成现实,这就引申出了对图形的思考问题。要把思维转换成图形,需要设计师掌握大量的设计"词汇"及设计"词汇"的表达方式和手段。和其他语言一样,图形语言也有其"词汇"和"文法",但以符号方式出现。其"词汇"主要包括一系列符号,从最抽象的点、线、面到图符,以至代表实体的图像。它的"文法"建立在空间构成因素方面,如空间的主从、位置、序列、交通流线、比例或远近,以及用线条、箭头或以其他手段更明确地代表的相互关系、方向或流程。使象征性语言能简单有效地进行交流的关键是"词汇"和"文法"的一致性。

室内设计师为了能把设计意图完美清晰地向观者表述出来,需要运用多种表现手段,如草图、规范性制图、透视效果图、模型、仿真漫游、摄影、电影、录像等。因此,设计师要想更好地开展设计工作,就应更多地

掌握室内设计图形表达"词汇"并不断锻炼和提高绘图表现能力。(见图7-2)

图 7-2　家居空间设计表现图二

二、设计草图

草图是设计的开始,一旦有了构思就要马上记录下来,草图就是最简捷的办法。同时,草图画多了也能够帮助产生创意,因为画着画着就会有新的想法。草图也能够以第一时间最方便地和别人进行交流。至于最终的计算机效果图都是从最初构思的草图而来的。草图是基础,不管画得好不好,掌握这个工具,会给设计带来很大的帮助。草图主要有以下几种。

(1)设计概念草图:是设计初始阶段的设计雏形,以线为主,多是思考性质的,一般较潦草,多为记录设计的灵感与原始构思,不追求效果和准确性。(见图7-3)

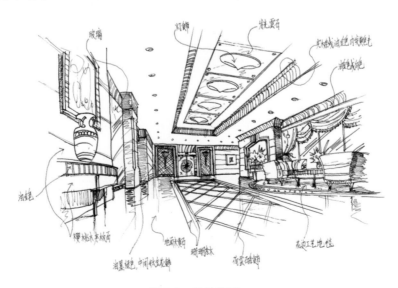

图 7-3　设计草图一

(2)解释性草图:以说明产品的使用和结构为宗旨。基本以线为主,辅以简单的颜色或加强轮廓,也会

加入一些说明性的语言。偶尔还有运用卡通式语言的草绘方式，多为演示用而非方案比较，画得较清晰、大关系明确。（见图7-4）

（3）结构式草图：多要画透视线，辅以暗影表达，主要目的是表明产品的特征、结构、组合方式以利于沟通及思考（多为设计师之间研究探讨用）。（见图7-5）

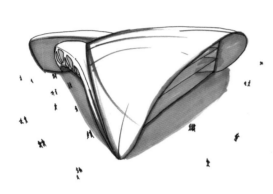

图7-4　设计草图二 　　　　　　　　　　　　　图7-5　设计草图三

（4）效果式草图：是设计师比较设计方案和设计效果时用的，也用在评审时，以表达清楚结构、材质、色彩，为加强主题还会顾及使用环境、使用者。（见图7-6和图7-7）

图7-6　设计草图四 　　　　　　　　　　　　　图7-7　设计草图五

三、设计施工图

在室内设计工作的过程中，施工图的绘制是表达设计者设计意图的重要手段之一，是设计者与各相关专业之间交流的标准化语言，是控制施工现场充分、正确理解、消化并实施设计理念的一个重要环节，是衡量设计团队的设计管理水平的一个重要标准。专业化、标准化的施工图不但可以帮助设计者深化设计内容、完善构思想法，而且在保持设计品质及提高工作效率方面起到积极有效的作用。

规范性制图在设计图形表达中起着重要的作用，其所代表的共同语言使得各专业人员能在头脑里组织并形成要交流的内容。制图规范是从设计过程的实际需要中产生和发展起来的。随着室内设计业的现代化，制图标准、技术及其实际作用在当代室内设计工作中已经逐步趋于一致。为了共同的认知和理解，规范

的技术性制图是设计者之间的一种约定俗成的模式。

技术性制图包括平面图、立面图、剖面图等。技术性制图的表现形式是以一系列二维图形,在一定比例下准确表示某一室内空间的详细尺寸、做法和材料,强调的是正确、可读、易懂、便于交流。

1. 平面图

平面图是水平切开后的俯视图像。平面图作为图解工具去说明室内各部分的功能和空间关系,通过艺术渲染,能提高设计空间的质量感,且保持其整体概念和明确的定位。平面图不仅包括诸多的细节,而且还可以对基本空间做进一步的具体描绘。在表现过程中应注意数据的准确性,比例限定与空间层次要分明,材质表现要简洁、符合实际等。平面图包括吊顶平面图。

平面图如图 7-8 所示,吊顶图如图 7-9 所示。

2. 立面图

立面图包括居室所设计的各垂直面与开启部位。这是用来传达立面形象的制图方法,也是最直接、明了、简单、易于理解的图形交流方式,通过对图形的可识别的特征,如尺度、构图、比例、重复、韵律、质感、色彩、形状、格调和细节等做认真描述,可使图形更加形象和真实。

立面图如图 7-10 和图 7-11 所示。

图 7-8 平面图

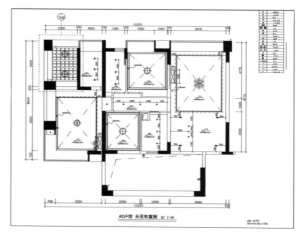

图 7-9 吊顶图

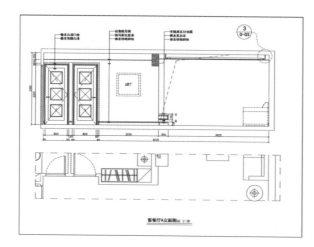

图 7-10 立面图一

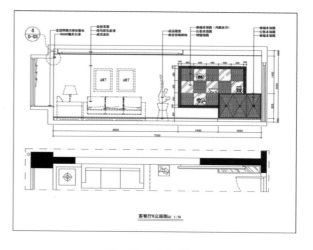

图 7-11 立面图二

3. 剖面图

剖面图是对室内平面和立面如何交接,对某局部的构造进行充分表现的技术性断面图。剖面图作为一个迅速表达手段,能说明尺度、照明、空间特征,以及对空间的感受。虽然剖面图不能像透视图那样表现三维空间,却比平面图更能表达人与空间之间的关系,以及空间的结构关系。

从以上简要的分析,可以说明规范的技术性制图是设计师将思维成果充分地记录下来的表现手段。

4. 大样图

大样图针对某一特定区域进行特殊性放大标注,把局部结构较详细地表示出来。

5. 节点图

节点是两个以上装饰面的汇交点,节点图是把在整图当中无法表示清楚的某一个部分单独拿出来表现其具体构造,是一种表明建筑构造细部的图。与大样图相比,节点图更为细部化,也就是放大大样图所无法表达的内容,以表达得更清楚。节点图的比例一般是 1∶5 左右,而大样图的比例更大,一般是 1∶2 左右。节点图如图 7-12 所示。

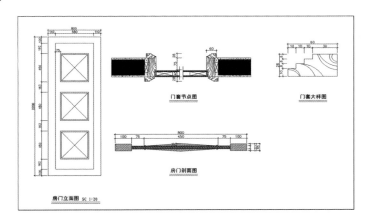

图 7-12　节点图

四、透视图

室内透视图是根据透视原理,在二维的平面上力求准确真实地绘制出近似于人眼实际看到的室内空间模样。一个设计师最大的满足莫过于自己的设计被人理解,然而闪烁于设计师脑中的构思火花是看不见摸不着的,只有通过一定的形式把它表现出来,构思才能变为现实,这就必须依靠视觉传递的图形与符号。施工图专业性强,相对而言,透视图艺术直观性好、表现力强。绘制透视图要根据不同的表现内容,选择不同的透视角度和方法。

1. 透视方法

常用于表现室内空间的透视方法有一点透视、两点透视。

(1)一点透视图表现范围广,纵深感强,适合表现庄重、稳定、宁静的室内空间。一点透视图如图 7-13 所示。

(2)两点透视图画面自然、活泼生动,空间反映接近人的真实感觉。两点透视图如图 7-14 所示。

学习透视图绘制方法,要有严谨、细致、冷静的态度,认真理解透视图法则,切实地掌握几种不同类型的透视图绘图方法,打好专业技术基础,这对室内设计师来讲是非常重要的。

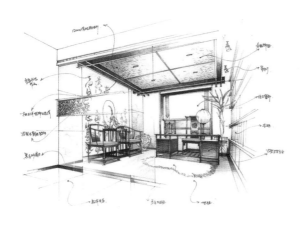

图 7-13　一点透视图

图 7-14　两点透视图

2. 透视图的表现技法

透视图的表现技法概括起来主要有手绘效果图表现和计算机辅助设计表现。

1)手绘效果图表现技法

手绘效果图表现技法是指在环境设计的过程中,以建筑装饰设计工程为依据,通过手绘的技术手段,直观而形象地表达设计师的构思意图、设计目标的表现性绘画,具有快捷、方便、简明的优势。手绘表现技法根据使用的工具不同主要分为钢笔画表现技法(见图 7-15)、水彩画表现技法(见图 7-16)、水粉画表现技法(见图 7-17)、马克笔表现技法(见图 7-18)、喷绘表现技法(见图 7-19)和综合表现技法(见图 7-20)。

图 7-15　钢笔画表现技法

图 7-16　水彩画表现技法

图 7-17　水粉画表现技法

图 7-18　马克笔表现技法

图 7-19　喷绘表现技法

图 7-20　综合表现技法

2)计算机辅助设计表现

随着科学技术的进步与发展,以计算机辅助设计为代表的高科技手段逐渐应用于效果图表现领域。计算机辅助设计可使效果图更加精确、逼真、规范,更接近于现实世界,因此广受设计师和业主的青睐。计算机辅助设计表现如图 7-21 和图 7-22 所示。

图 7-21　计算机辅助设计表现一

图 7-22　计算机辅助设计表现二

思 考 题

1. 家居空间设计涉及的图纸有哪些?

2. 透视效果图的表现技法有哪些?

第二节
家居空间设计方案的实施——施工

当设计师与业主确定好设计方案并完成所有的图纸后,家居空间设计方案顺理成章进入施工阶段。这一阶段要按照以下流程进行。

一、现场设计交底

业主、设计师、监理人员、施工人员到达现场,根据施工图纸进行交底。对各部位难点进行讲解,确定开关、插座等的准确位置,对墙、地、顶的平整度和给排水管道、电、燃气畅通情况进行检测,并做好记录,对施工图纸现场进行最后确认。业主、设计师、监理人员、施工人员签署设计交底单等单据,准备开工。

二、开工材料准备

前期施工材料要先进场。开工材料包括水泥、砂、砖、木方、铁钉、钢钉、纹钉、电线、水管、穿线管、瓷砖等。

三、土建改造

敲墙注意事项如下。

(1)抗震构件如构造柱、圈梁等最好根据原建筑施工图来确定,或请物业管理部门鉴别。

(2)承重墙、梁、柱、楼板等作为房屋主要骨架的受力构件不得随意拆除。

(3)不能拆门窗两侧的墙体。

(4)阳台下面的墙体不要拆除,它对挑阳台往往起到抵抗倾覆的作用。

(5)砖混结构墙面开洞直径不宜大于 1 m。

(6)应注意冷热水管的走向,拆除水管接头处应用堵头密封。

(7)应把墙内开关、插座、电话线路等有关线盒拆除、放好,拆墙时应不带电工作。

土建改造如图 7-23 所示。

图 7-23　土建改造

四、水电铺设

水电工程包括电线、水管铺设及开关插座底盒的安装,属于隐蔽工程,施工质量一旦出现问题往往处理难度较大,维修工作量大,对客户造成的经济损失往往也是最大的。因此,水电工程是十分重要的,必须严格按照水路改造和电路改造的施工规范来做,以保证合理、安全、标准的工程质量。水管铺设如图 7-24 所示,电线改造如图 7-25 所示。

图 7-24　水管铺设

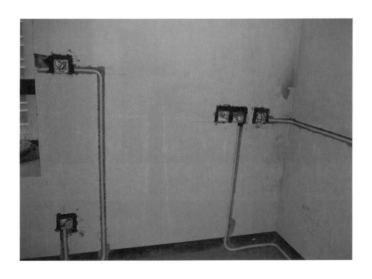

图 7-25　电线改造

五、泥工进场

泥工的主要工作内容有:改动门窗位置,厨房和卫生间防水处理,包下水管道,地面找平,墙、地砖铺贴等。泥工现场如图 7-26 所示。

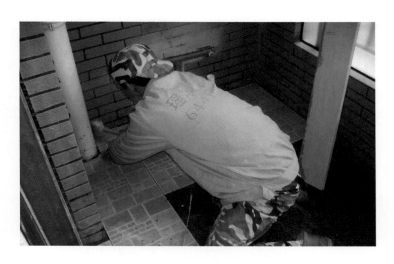

图 7-26　泥工现场

六、木工工程

木工工程包括吊顶、轻质隔墙、门窗套、门窗页、家具、木地板、软包、裱糊、地毯等。木工现场如图 7-27 和图 7-28 所示。

图 7-27　木工现场一

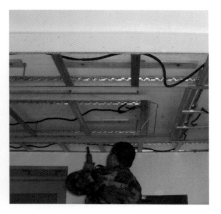

图 7-28　木工现场二

七、油漆工程

油漆工程包括乳胶漆工程和家具漆工程。

1. 乳胶漆

乳胶漆是目前居室装修中墙面处理的主流,也是极受欢迎的装修做法。它具有施工方便、遮盖力强、色彩丰富、耐擦洗等许多优点,色彩搭配得当,质量有保证,能够给家庭提供一个温馨的环境。漆工现场如图 7-29 所示。

图 7-29　漆工现场

2. 家具漆

家具漆指木器、竹器家具表面专用漆,又名木器漆。家具漆能使木器、竹器家具更美观亮丽,改善家具本身具有的粗糙手感,使家具不受气候与干湿变化影响,起到保护养护木器、竹器家具的作用。家具漆大致分为如下几种。

(1)清水漆,在涂刷完毕后仍可以看到木材本身的纹路及颜色。

(2)混水漆,即色漆,在涂刷以后会完全遮盖木材本身的颜色,只体现色漆本身的颜色。

(3)半混水漆,在涂刷完毕后木材本身的纹理清晰可见并且还有着色的效果。

(4)特殊效果漆,涂刷在特殊表面上的、用于特定环境中的或者对装饰效果有特殊要求场合的油漆。

八、厨卫吊顶

厨卫吊顶(又称整体吊顶、组合吊顶、集成吊顶)是继整体浴室和整体厨房出现后,厨卫上层空间吊顶装饰的新产品,它代表着当今厨卫吊顶装饰的顶尖技术。厨卫吊顶材料主要有 PVC 塑料扣板、铝塑板和铝扣板三种。

九、收尾安装

待油漆干后,将木门、橱柜、散热器等物品进行安装组合。同时进行水电工程扫尾工作,即龙头、洁具、灯具、开关面板等的安装。收尾安装如图 7-30 所示。

十、其他工作

其他工作包括卫生清理、家具进场、家电安装、家居配饰等。

图 7-30　收尾安装

十一、工程验收，交付业主

完成后的家居空间如图 7-31 所示。

图 7-31　完成后的家居空间

思　考　题

○　　○　　○　　○　　○

简述家居空间设计方案施工流程。

第三节
优秀案例欣赏

项目名称:芙蓉古城别墅

装修风格:现代欧式

芙蓉古城别墅附近,自然环境优美。此案为地下一层、地上三层,前后有花园,通风采光好,户型方正,结构合理,空间合适,是一套不可多得的经典户型。

业主为一对中年夫妇,品位高雅,对传统文化有很深厚的理解。本案在设计手法上,突出了文化人温文尔雅、平和理性的特点,用浅橘色的整体色调表达业主的温和典雅。在设计风格定位上,吸取了文艺复兴时期巴洛克风格的一些经典元素,既不过分张扬,又恰到好处地把雍容华贵之气渗透到每个角落,既突出别墅本身的自然优势,又适当彰显业主的个人品位。

欧式风格按不同的地域文化可分为北欧、简欧和传统欧式。其中的田园风格于17世纪盛行于欧洲,强调线形流动的变化,色彩华丽。它在形式上以浪漫主义为基础,装修材料常用大理石、多彩的织物、精美的地毯、精致的法国壁挂,整体风格豪华富丽,充满强烈的动感效果。另一种是洛可可风格,其喜用轻快纤细的曲线装饰,效果典雅、亲切,欧洲的皇宫贵族大多偏爱这种风格。欧式的居室有的不只是豪华大气,更多的是惬意和浪漫,通过完美的曲线、精益求精的细节处理,带给家人无尽的舒适触感。实际上和谐是欧式风格的最高境界。

门的造型设计包括房间的门和各种柜门,既要突出凹凸感,又要有优美的弧线,两种造型相映成趣、风情万种。柱子设计也很有讲究,可以设计成典型的罗马柱造型,使整体空间具有更强烈的西方传统审美气息。房间可采用反射式灯光照明和局部灯光照明,置身其中,让人感觉舒适、温馨。

欧式风格的家居宜选用现代感强烈的家具组合,特点是简单、抽象、明快、现代感强。组合家具的颜色选用白色或流行色,配上合适的灯光及现代化的电器,比如音响器材,就仿佛为主人编织了一个明快美丽的梦。

在欧式家居空间里,最好能在墙上挂金属框抽象画或摄影作品,也可以选择一些西方艺术名家作品的仿品,比如人体画,直接把西方艺术带到家里,以营造浓郁的艺术氛围,表现主人的文化素养。

欧式风格强调以华丽的装饰、浓烈的色彩、精美的造型达到华贵的装饰效果。欧式客厅顶部喜用大型灯池,并用华丽的枝形吊灯营造气氛。门窗上半部多做成弧形,并用带有花纹的石膏线勾边。入厅口处多竖起两根豪华的罗马柱。墙面大部分采用墙布或墙纸,衬托出豪华效果。地面材料以石材和地板为主。欧式客厅非常需要用家具和软装饰来营造整体效果。深色的橡木或枫木家具、色彩鲜艳的布艺沙发,都是欧式客厅里的主角。还有浪漫的罗马帘、精美的油画、制作精良的雕塑工艺品,都是点染欧式风格不可缺少的元素。

别墅的餐厅另有一番风韵。最显著的特点就是两扇大大的拱形落地窗,设计没有改变原空间结构,而以长长的落地窗帘进行风格的渲染,并在餐厅旁边设计向里倾斜的彩绘玻璃,华灯闪烁,没饮美酒,已不觉心醉神迷。

主卧十分淡雅,这里没有多余的色彩、布置和家具,没有喧器与烦冗,一派宁静悠远。设计将原本不规则且略显凌乱的天花加以简化整合,改变后的主卧空间呈上升之势,置身其中给人积极向上之感,表现业主对快乐人生的追求,体现成功人士的品质生活。

　　地下层有雪茄吧区域,设置吧台和红酒恒温室。还有视听区,视听区放置投影仪,晚上一家人可以享受家庭影院。同时放置台球桌,以供休闲之用。

　　客厅的大部分在挑空结构之下,大面积的玻璃窗带来了良好的采光,落地的窗帘显得格外气派。布艺沙发组合有着丝绒的质感以及流畅的木质曲线,将传统欧式家居的奢华与现代家居的实用性完美地结合。加上软包与石材雕花的结合,开敞式的客厅提供了一个视觉中心。

　　芙蓉古城现代欧式别墅设计如图 7-32 所示。

图 7-32　芙蓉古城现代欧式别墅设计

高雅生活的开始
beginning of the elegant life 2

芙蓉古城现代欧式别墅设计 Hibiscus Town of modern European style villa design

设计说明

本方案欧式的居室设计有的不只是豪华大气，更多的是惬意和浪漫。

通过完美的曲线，精益求精的细节处理，带给家人不尽的舒适触感，实际上和谐是欧式风格的最高境界。

一层平面布置图

二层平面布置图

芙蓉古城现代欧式别墅设计

续图 7-32

高雅生活的开始
beginning of the elegant life 3

芙蓉古城现代欧式别墅设计 Hibiscus Town of modern European style villa design

设计说明

卧室设计十分淡雅，
这里没有多余的色彩、布置和家具，
没有喧嚣与繁冗，一派宁静悠远；
设计将原本不规则的天花加以简化整合，
改变后空间呈上升之势，给人积极向上之感，
表现业主对生活的感悟及其品质生活的体验。

三层平面布置图

芙蓉古城现代欧式别墅设计

续图 7-32

项目名称:富临卢卡美郡花园洋房·林哥家居设计方案

装修风格:现代欧式

富临卢卡美郡花园洋房·林哥家居设计方案如图 7-33 所示。

图 7-33　富临卢卡美郡花园洋房·林哥家居设计方案

其他家居空间设计欣赏如图 7-34 至图 7-57 所示。

图 7-34　其他家居空间设计一

图 7-35　其他家居空间设计二

图 7-36　其他家居空间设计三

图 7-37　其他家居空间设计四

图 7-38　其他家居空间设计五

图 7-39　其他家居空间设计六

图 7-40　其他家居空间设计七

图 7-41　其他家居空间设计八

图 7-42　其他家居空间设计九

图 7-43　其他家居空间设计十

图 7-44　其他家居空间设计十一

图 7-45　其他家居空间设计十二

图 7-46　其他家居空间设计十三

图 7-47　其他家居空间设计十四

图 7-48　其他家居空间设计十五

图 7-49　其他家居空间设计十六

图 7-50　其他家居空间设计十七

图 7-51　其他家居空间设计十八

图 7-52　其他家居空间设计十九

图 7-53　其他家居空间设计二十

图 7-54　其他家居空间设计二十一

图 7-55　其他家居空间设计二十二

图 7-56　其他家居空间设计二十三

图 7-57　其他家居空间设计二十四

思 考 题

○　　○　　○　　○　　○

1. 搜集整理优秀案例资料,写出过程分析及心得体会,并制作成PPT进行阐述。

2. 根据给定的项目任务书进行家居空间设计,按计划表分别提交设计草图、透视效果图及施工图。

参考文献
References

[1]夏万爽. 室内设计基础与实务[M]. 石家庄:河北美术出版社,2008.

[2]张绮曼,郑曙旸. 室内设计资料集[M]. 北京:中国建筑工业出版社,1991.

[3]来增祥,陆震纬. 室内设计原理[M]. 北京:中国建筑工业出版社,1996.

[4]赵振民. 实用照明工程设计[M]. 天津:天津大学出版社,2003.

[5]庄荣,吴叶红. 家具与陈设[M]. 北京:中国建筑工业出版社,1996.